超圖解 天然菜園入門

零農藥、好種植、小空間也ＯＫ的居家簡易種菜提案

竹內孝功／著
何姵儀／譯

前言：天然菜園是什麼？

7月上旬某個晴朗的假日——
不好意思打擾了。
這就是前輩的家呀！好漂亮喔～
來來來，坐吧！
妳好。
好——
肚子餓了吧？
我剛才烤了披薩，快來吃！
妳看——!!

哇啊！
啊！我肚子餓了耶。
グー!!
那我就不客氣了。
呵呵～
我開動囉！
好好吃喔……!!
盯
這是什麼蔬菜呀……
實在有夠好吃的，
而且還很新鮮!!
好開心～♥
那是我們家院子種的菜。
什麼！
前輩有在種菜啊？

對啊。想說有院子就好好利用，
而且在家的時間也變多了。
2年前就開始種了喔。
哇——
那妳不就很專業了？
沒有啦。剛開始還好，
但是一直無法持續。
啊——應該好好整理一下——
這個還能種嗎……
因為我是那種連仙人掌
都會種死的女人……
啊——我懂（笑）。
這樣說起來，前輩的個性
確實有點粗枝大葉。
對呀——

不過呢！我最近很開心喔！
因為知道了「天然菜園」這種種菜方式！
眼睛為之一亮!!
驚
天然菜園？
就是不用農藥⋯⋯
嗯～
靠著昆蟲和草的力量來種蔬菜的方法。應該說是藉助大自然的力量來種植的菜園。
嘎啦
不過這跟以前的種菜方式完全不同。

我是在這種菜的。
嘎—
嘎啦
哇！

好像蔬菜森林喔！好整齊！
但確實跟平常看到的菜園不太一樣呢……??
哈～不過很舒服耶～!!
真羨慕
家裡有種菜的話確實很方便，而且還是自己種的，真的很不錯！
我也想種!!!
好有趣!!
但看起來好像很難，感覺門檻不低的樣子……
嗯
但我還是很好奇——

CONTENTS 目錄

登場人物

竹內老師

菜園教室講師。以淺顯易懂的方式細心教導大家如何在「天然菜園」種菜。

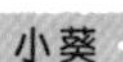

小葵

熱愛山林和大自然的活動派。第一次到前輩小綠家拜訪。

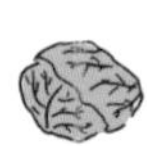

第3章

在天然菜園裡種種菜吧

小宙

小綠的兒子。小學3年級。喜歡踢足球和捉昆蟲。

郁夫

小綠的丈夫。系統工程師。目前對種菜沒有興趣。

小綠

個性我行我素。與丈夫和兒子住在一起。搬到郊區後開始種菜。

第1章

天然菜園的基本知識

真是不好意思，突然要妳帶我去聽天然菜園的講座～
腳步
輕快
沒關係啦——老師人很好的！
啊，對了，老師還十分健談喔～
1 來吧！到天然菜園教室去
菜園是不是就是指溫室，或是覆蓋在地面的那層黑塑膠布呀……
那個叫做農地膜啦！
還有要用肥料？以及驅蟲藥，是吧？
啊!!對了……！

一開始我也是這麼想的，但其實不用這些東西也可以種菜喔——
基本上，天然菜園是不使用這樣的資材。
什麼——？如果不用農藥，那菜還能生長嗎？
立正
好厲害!!
像是把草割下來鋪在蔬菜的周圍，
用草覆蓋
把能夠互利共榮的蔬菜種在一起，
共生植物
收集種植的蔬菜的種子，留到明年再來播種。
自家採種
哇～
我都沒聽過耶！
啊，到了。這裡就是天然菜園。

哇——!!
這是……
這是……
菜園嗎……?
雖然沒有看到土。

不過一整片
綠意盎然，
感覺好舒服喔～
對啊——
我來到菜園
心情也會很舒暢。
生物也很多，
真的會
精神為之
一振。
啊，
竹內老師！
您好！
歡迎——妳好，我是竹內。
今天怎麼有空來？

公司後輩跟我說她想來看一看天然菜園的菜圃，所以我就順便帶她來了。
您好！不好意思突然造訪……
該怎麼說呢……感覺這裡就像是里山，到處都是令人舒適的菜園。
東張
西望
可是……
草長得這麼多，難道蔬菜不會都被蟲吃光光嗎？
妳應該很驚訝吧？剛開始大家都會這麼說～
天然菜園其實有5個重點。
等等有個講座，有空的話歡迎參加。
5 POINT
於是我們兩個人當天就急忙報名參加了天然菜園教室——

天然菜園的5個重點

善用大自然的力量，栽種可口美味的蔬菜。並以無農藥、無化學肥料的栽培方式，在安心、安全的家庭菜園裡享受與大自然互動的樂趣，這就是天然菜園。

大家可以想像一下遍地都是蔬菜的里山。里山是在人類的參與之下，使得整個生態得以維持平衡與多樣性。而天然菜園就是透過最基本的照顧方式來喚起蔬菜本身的力量，並藉由善加利用栽種出健康美味的蔬菜。

首先來介紹天然菜園注重的5個重點。

1 用草覆蓋

將長出來的草割下，鋪在蔬菜根部周圍。

2 共生植物

一起栽種能夠互利共榮的蔬菜。

3 自家採種

只要進行自家採種、播種，就能種出適合自家菜園的蔬菜。

4 綜合綠肥作物

在畦溝種植用來覆蓋根部的作物，就能同時改善土壤和環境。

5 菜園栽種計畫

種植的蔬菜要按季節及年分輪作，這樣菜園的環境才會越來越好。

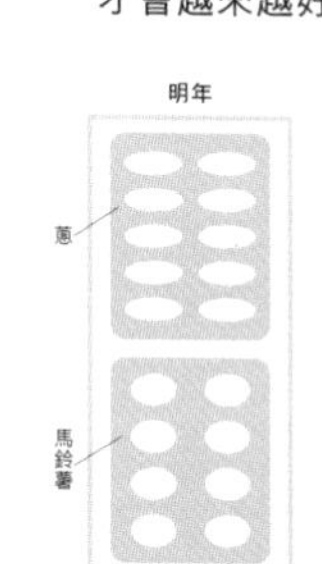

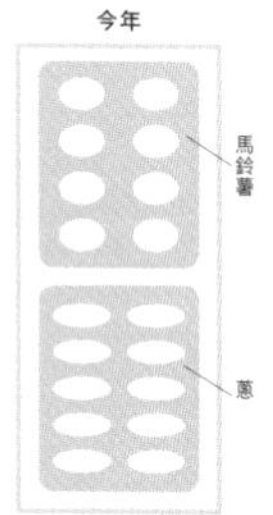

1 用草覆蓋

覆蓋一層草，打造優良環境

利用草來改善土壤

里山和原野生長著各式各樣的草木，而且幾乎全年覆蓋著地表。相較之下，菜園裡的情況又是如何呢？大家的腦中是不是浮現一片毫無雜草、整齊有序的菜園，並認為這樣蔬菜才會長得好呢？

在天然菜園中，我們會積極利用長出來的草來改善菜園的土壤環境，只有蔬菜周圍的草才要割除。只要一點一點地除去蔬菜根部旁邊快要長出來的草，蔬菜的生長氣勢就不會輸給旁邊的草，這樣有助於蔬菜的成長。

不過割下來的草不要丟掉，要直接鋪在土上。也就是將植物根部伸展的土壤表面覆蓋住。

一箭四雕的「田地工作」

用草覆蓋的其中一個效果，就是「**抑制雜草生長**」。只要將割下來的草鋪在土壤上，底下就會變得陰暗，如此一來新的草就會不易生長。即使雜草萌生，薄弱的生長氣勢也難以與蔬菜競爭。

第二個效果是「**保護蔬菜的根莖葉**」。只要用割下來的草覆蓋住地表，蔬菜受到直射陽光與風的影響就會比較小，同時還能適度保持土壤的溫度與濕度，守護蔬菜的根部。就算下雨，泥水也不易飛濺，還可抑制莖葉染上病害。

用草覆蓋的第三個效果是，可以「**成為生物的藏身之處**」。只要昆蟲種類增加，蜘蛛、瓢蟲、塵芥蟲之類的「益蟲」也會變多，進一步阻擋害蟲繁殖。

第四個效果就是「**讓土壤變得肥沃**」。這些割下的草會慢慢被蚯蚓與微生物分解成「天然堆肥」。讓原本硬梆梆的土逐漸變成團粒結構發達、十分容易栽種蔬菜的鬆軟土壤。

只要將長出來的草割下來鋪在地上，就可以打造出土壤肥沃的種植環境。天然菜園就是透過這種方法改良土地、完成終極的「田地工作」。

把草割下來，鋪在蔬菜周圍

讓我們以茄子為例，說明如何將蔬菜根部伸展之處的草割下來鋪在周圍。

莖葉舒展開來的蔬菜正下方，根部已經伸展開來

新鋪的草

草割下來之後，鋪設的範圍為寬15cm。之後茄子的根會慢慢延伸。

上次鋪設的草

之前割下來鋪在上面的草已經乾枯，底下也有茄子的根伸出來。

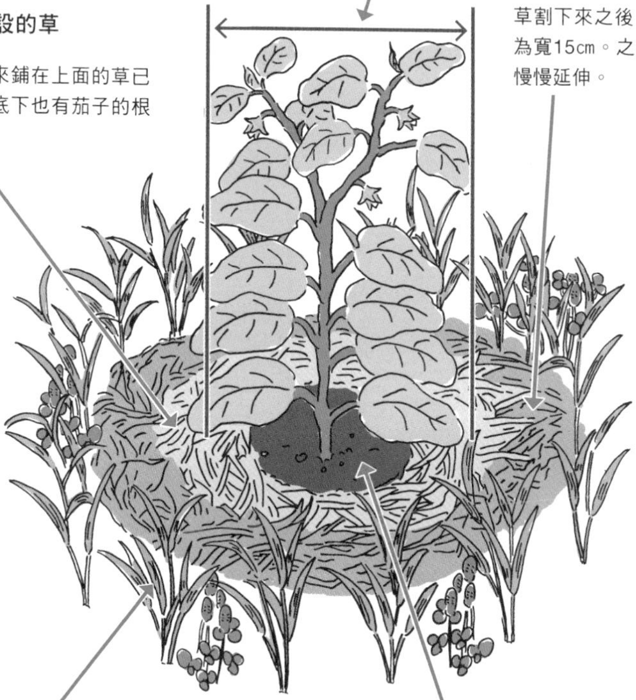

夏天要調整草的高度

夏天外圍的草會長高，因此要將草的高度修剪至低於蔬菜的一半。

有時根部不需要鋪草

茄子生長初期，根部周圍不需要鋪草。因為定植之後，只要根部受到陽光照射而變暖，根就會迅速成長，也會更容易生根。

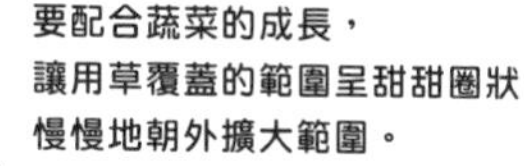

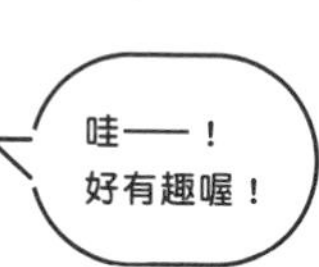

一箭四雕?!

用草覆蓋的好處多多

提高生物循環，
創造富饒的菜園。

③ 成為生物的藏身之處

除了分解這些草的生物之外，還是益蟲的藏身處及過冬之地。

只要昆蟲種類增加，螳螂、瓢蟲、塵芥蟲與蜘蛛等益蟲也會變多，幫忙把蔬菜的害蟲吃掉。
就連蚯蚓、馬陸、甲蟎與彈尾蟲等以枯草和有機物質為食的土壤動物也會跟著變多，加速分解。
❶～❹所帶來的相乘效果，可以幫助蔬菜茁壯成長喔！
分解後的有機物質會轉化成腐植土，將土壤的微小顆粒黏在一起，形成團粒結構。

④ 讓土壤變得肥沃

覆蓋的草與土壤中殘留的根部在土壤動物及微生物的分解之下會轉變成「天然堆肥」，對於改善土壤環境頗有助益。

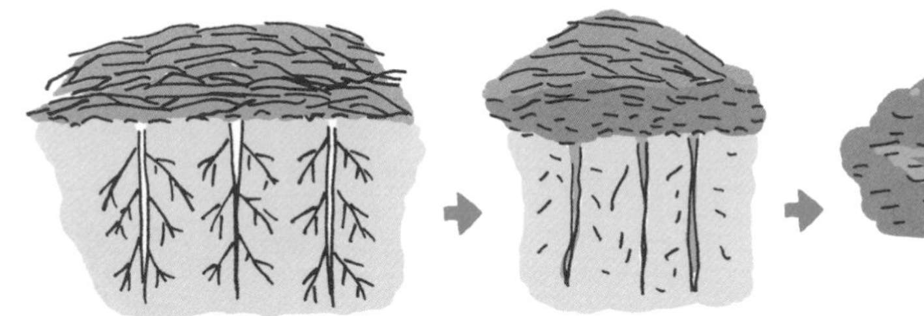

覆蓋的草和殘留的根部經過分解後，土壤會呈現團粒結構，不僅具有良好的排水性與保水性，還能有效保留養分，成為一片讓蔬菜茁壯成長的肥沃土地。

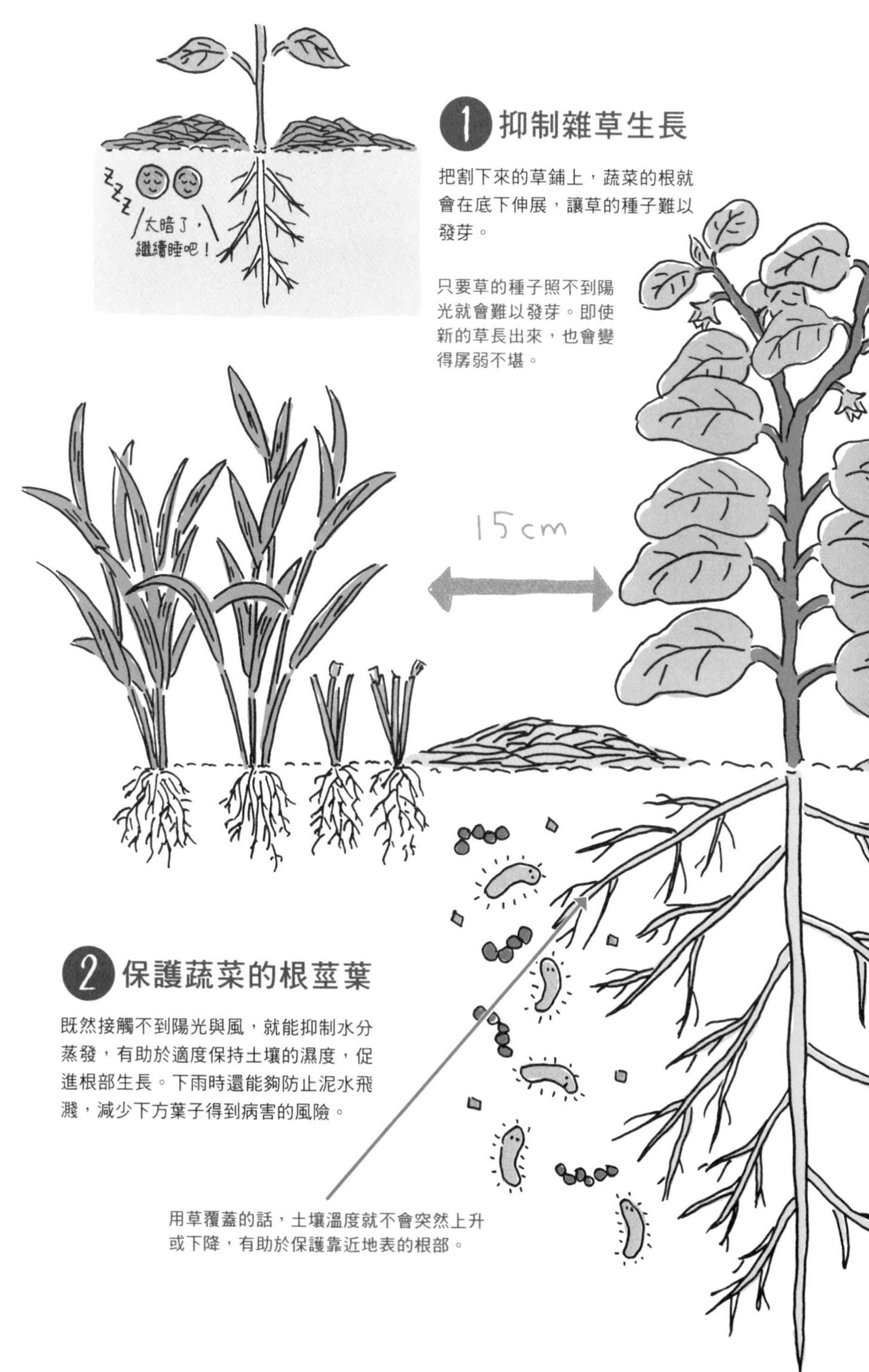

1 抑制雜草生長

把割下來的草鋪上，蔬菜的根就會在底下伸展，讓草的種子難以發芽。

只要草的種子照不到陽光就會難以發芽。即使新的草長出來，也會變得孱弱不堪。

2 保護蔬菜的根莖葉

既然接觸不到陽光與風，就能抑制水分蒸發，有助於適度保持土壤的濕度，促進根部生長。下雨時還能夠防止泥水飛濺，減少下方葉子得到病害的風險。

用草覆蓋的話，土壤溫度就不會突然上升或下降，有助於保護靠近地表的根部。

試試看吧！用草覆蓋

Step 1 貼著地面把草割下來

鋸鐮刀（參照P.46）

手套。可以避免手受傷

草根直接留在土裡

將草從位於莖葉根部的生長點下方，貼近地面割下來。割草的地方若在莖葉的根部上方就有可能會留下「生長點」，只要葉子或莖繼續成長，草就會再次生長。

割過草的地面如果再次長出草，下次割草時就要割得深一點。

Before

（用草覆蓋之前）

幼苗還小時，將周圍的草割下來鋪在旁邊。此時草已經乾枯。

莖梗舒展的正下方已有根擴展開來了。

貼地割草的範圍在這裡！

蔬菜根部預定向外伸展的15cm內如果有雜草叢生，就要貼著地面割下來。

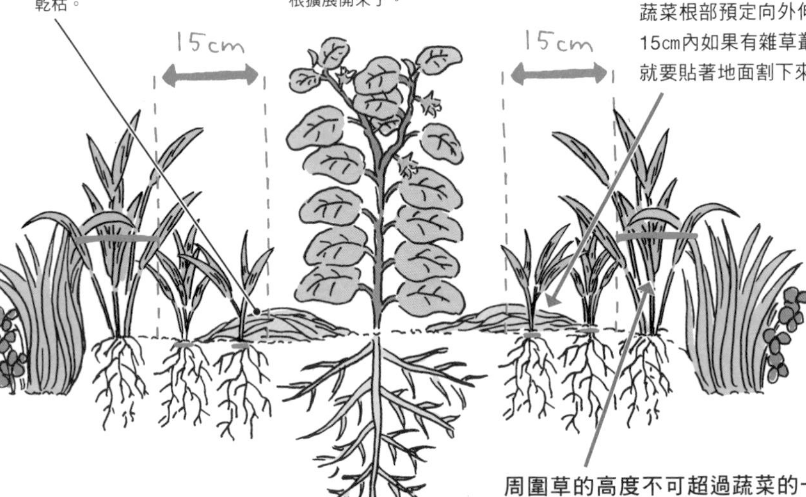

周圍草的高度不可超過蔬菜的一半

夏天雜草生長十分迅速，不久就會茂密叢生，因此割草時，草的高度不可超過蔬菜的一半，以免遮住陽光。

Step 2

將割下來的草鋪在地面上

用草覆蓋的三大原則

其1

不可讓草長得比蔬菜高大

草的生命力通常比蔬菜還要強韌，因此割草的時候要以蔬菜為要，使其越長越大，草越長越小。

其2

不讓草趁機在蔬菜根部滋生

用割下的草覆蓋，地面的草就會因為地表變得陰暗而無法冒出芽。要是長出來，就割下來鋪在上面。

其3

蔬菜根部伸展範圍15㎝內的草要割除

因為這個範圍內的蔬菜會與周遭的草競相延伸根系。只要把草割除，就能促進蔬菜的根部生長。

用草覆蓋可視為終極的「田地工作」，可讓菜園越來越完美。

After

用草覆蓋的作業完成！

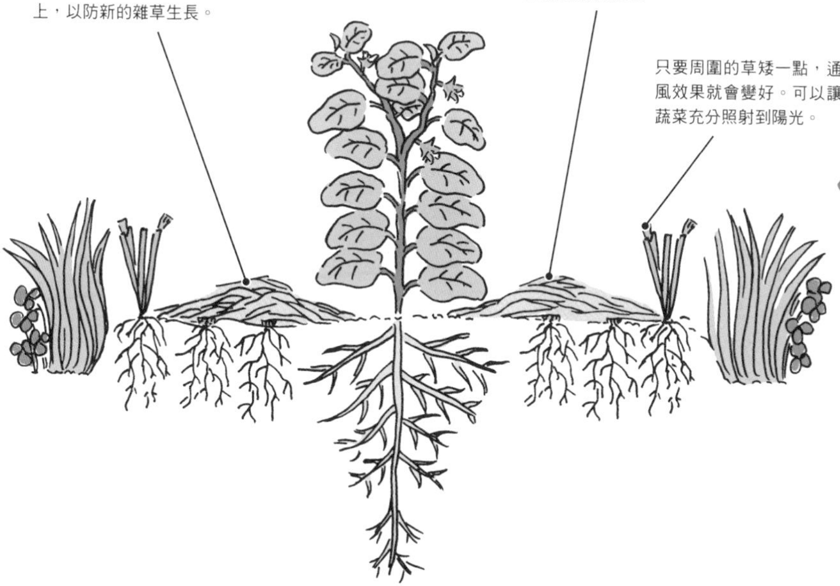

新割下的草疊放在之前鋪設的草上，以防新的雜草生長。

貼著地面割下的草直接疊放在原地。

只要周圍的草矮一點，通風效果就會變好。可以讓蔬菜充分照射到陽光。

2 共生植物

一起栽種能夠互利共榮的蔬菜

蔬菜間的相容性也很重要

蔬菜和人一樣，也有合不合得來的問題。蔬菜的組合方式會影響生長是古今中外的經驗法則，而這些經過觀察的心得亦流傳給後人參考。適合栽種在一起的蔬菜就叫做「**共生植物**」。

這種情況就好比里山與原野之間交互共存的多種植物，此為自然的原始風貌。既然如此，何不在菜園裡將合得來的蔬菜種在一起，藉此栽培出更多蔬菜呢？

「共生植物」有4個好處。

善用有利的相乘效果

第一個是「**促進生長**」。舉例來說，毛豆與花生等豆科蔬菜的根部通常會與根瘤菌共生，可以將空氣中的氮轉化為養分。如此一來周圍的土壤就會變得肥沃，進而促使其他蔬菜順利生長。

第二個是「**驅逐害蟲**」。蟲子原本就相當偏食，而且每種蟲子食用的蔬菜都是固定的。因此只要將不同種類的蔬菜種在一起，就能讓害蟲找不到可以食用的蔬菜。如果能在附近栽種氣味讓蟲子厭惡的蔬菜（例如香草植物），這樣也能夠驅逐害蟲，降低寄生的機率。

第三個是「**預防病害**」。土壤中通常會存在對蔬菜有害的菌，但只要與蔥類等具有殺菌效果的蔬菜一起栽種，就能有效抑制有害菌的滋生。

第四個是「**善用空間**」。只要蔬菜之間合得來，就能緊密栽種。例如，植株較高的番茄根部可以種植在地表蔓生的花生。

蔬菜的組合方式不同，效果也會跟著改變。有時只有一種效果，有時則是4種兼具。只要栽種多樣的蔬菜，整個菜園的環境就會更加多元，進而促使蔬菜更容易成長。

不同蔬菜種一起，長得更好

以小番茄及高麗菜為例介紹。

小番茄的共生植物

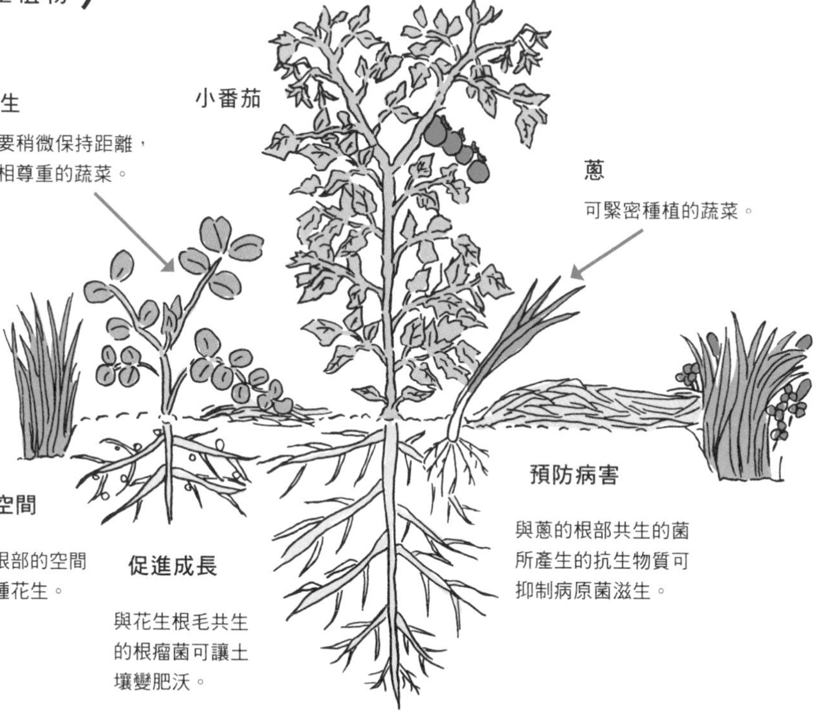

花生

需要稍微保持距離，互相尊重的蔬菜。

小番茄

蔥

可緊密種植的蔬菜。

善用空間

小番茄根部的空間可以栽種花生。

促進成長

與花生根毛共生的根瘤菌可讓土壤變肥沃。

預防病害

與蔥的根部共生的菌所產生的抗生物質可抑制病原菌滋生。

高麗菜的共生植物

驅逐害蟲

附生在高麗菜上的綠色毛毛蟲是紋白蝶的幼蟲。成蟲討厭荷蘭紅葉萵苣的氣味及紅色的東西，所以不會在附近的高麗菜上產卵。

荷蘭紅葉萵苣
（紅色。已經長到某個程度）
要稍微分開種植的蔬菜。

高麗菜
（剛栽種）

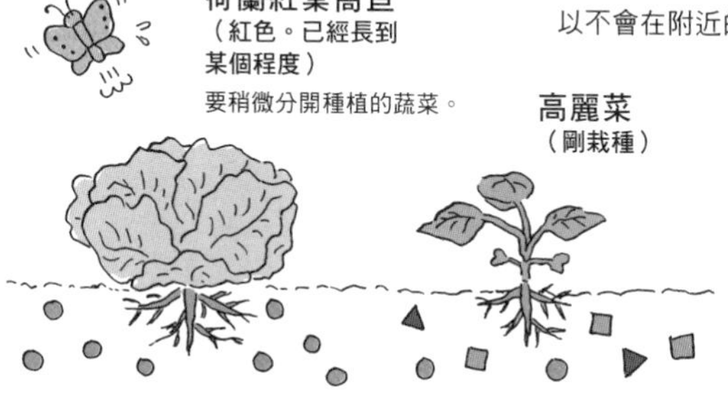

善用空間

利用的養分稍有不同，就算種得比較近也可以分開管理。

試試看吧！共生植物

要考量定植的時間與距離

左側是一些具代表性的共生植物。在組合方面，若蔬菜的品種相近，代表性質通常也會相差不遠，只要依照種類（分類上的「科」或「屬」）來考量，通常都能派上用場並發揮作用。

然而實際栽種的時候，必須考慮蔬菜的成長方式、植株大小、定植的時間點，以及彼此之間的距離（株距）。因此要充分了解共伴栽種的目的與效果，並加以活用。至於每種蔬菜的共生植物會在第3章的各節介紹。

另外，雖說要組合植物，但是有些蔬菜並不適合種在一起。種植之前，記得先確認左側列出的「盡量避免的共生組合」。

○ 大力推薦！完美的共生植物

茄子的同伴（茄子、番茄等）
×
蔥的同伴（青蔥、大蔥、韭菜等）
▶預防病害、善用空間

小黃瓜的同伴（小黃瓜、南瓜、西瓜等）
×
蔥的同伴（青蔥、大蔥等）
▶預防病害、善用空間

高麗菜的同伴（高麗菜、青花菜、花椰菜、青江菜、小松菜等）
×
萵苣的同伴（荷蘭紅葉萵苣、葉萵苣等）
▶驅逐害蟲、善用空間

菠菜
×
小松菜的同伴（小松菜、青江菜、蕪菁、水菜等）
▶驅逐害蟲
×
青蔥
▶促進生長、預防病害、善用空間

豆類的同伴（毛豆、矮性菜豆等）
×
萵苣的同伴、胡蘿蔔等
▶促進生長、驅逐害蟲

× 盡量避免的共生組合

茄子的同伴（茄子、番茄、青椒、馬鈴薯等）共伴栽種
▶會引來害蟲、感染病變

小黃瓜和四季豆共伴栽種
▶會引起線蟲滋生

馬鈴薯、豌豆與薑共伴栽種及連作
▶豌豆與薑會生長不良

高麗菜和馬鈴薯共伴栽種
▶高麗菜會生長不良

蔥與白蘿蔔、白菜、高麗菜、毛豆等共伴栽種
▶後者會生長不良

小黃瓜與蔥的共伴栽種

這兩者是可以
緊密栽種的蔬菜喔！

1. 挖好植穴

根據小黃瓜的育苗軟盆大小挖掘植穴。幼苗不要取出，連同軟盆一起放入植穴中，事先調整好植穴的大小與深度，以確保幼苗能整個植入洞中。

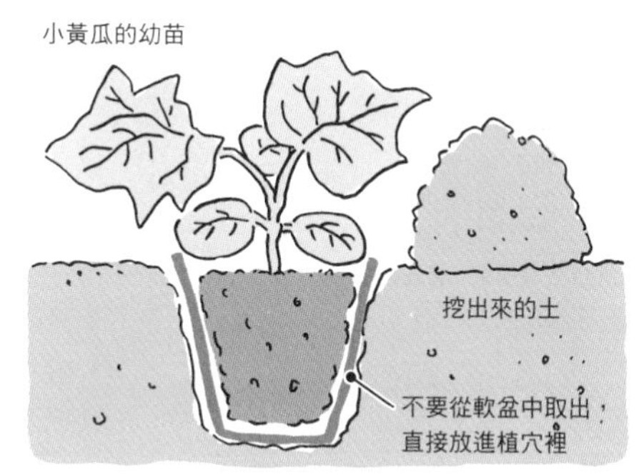

2. 放入蔥苗

將蔥苗的根部在植穴底部攤開來。如果無法取得蔥苗，也可以使用在超市買到的帶根蔥。1～2根即可。從軟盆中取出小黃瓜的幼苗，把整個根團放在蔥根上。

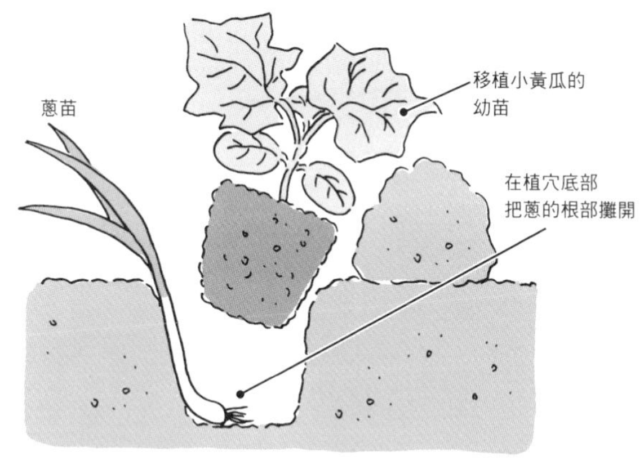

3. 小黃瓜定植

讓小黃瓜的根團緊緊貼著植穴，以土填滿縫隙。

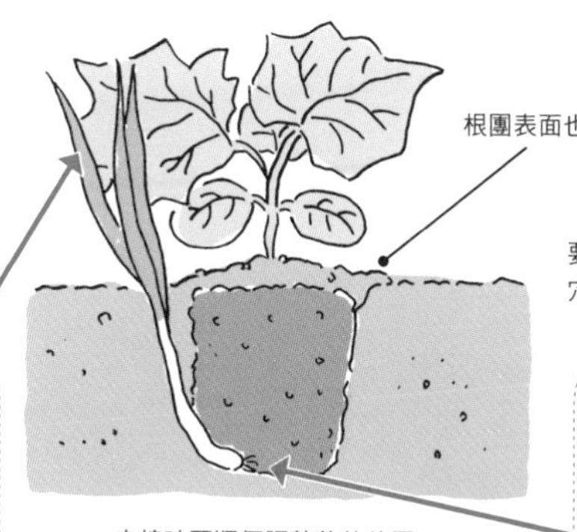

善用空間

蔥會在小黃瓜的根部底下成長。長大之後，採收時只要留下距離地面約5cm的高度即可。

預防病害

與蔥的根部共生的菌會釋放抗生物質，有助於減少小黃瓜的病原菌。

3 自家採種

蔬菜適應了該菜園 具備容易種植的特性

自然生長的草為何充滿活力？

自家採種是「**從自家菜園收成的蔬菜中採取種子**」的意思。

在天然菜園中，我們通常希望將蔬菜培育到可以取出種子這個階段，以便隔年再次播種。那麼自家採集的種子與在種子行買來的種子有什麼不同呢？

大家可以比較看看，同樣都是自然生長，但在自家菜園隨意生長的草與我們用心栽種的蔬菜有何不同。生長氣勢旺盛、強健又充滿活力的絕對是草。

草通常會在同一個地方發芽成長、開花結果，然後留下種子。這樣的循環在自然界已經重複多年，甚至好幾十年、好幾百年。可說是在大自然的選擇之下，最能夠適應當地、該地區及氣候的植物。相較之下，我們現在要培育的蔬菜是剛來的新人。既然如此，草當然會比較強壯。

持續栽種就會日益茁壯

因此我們要種的蔬菜可以比照草的生長方式，也就是在菜園裡採集種子之後，隔年繼續種在同一個地方。其實，忘記採集的種子有時到了隔年也會長出茁壯的蔬菜。

自家採種過了幾年之後，種植的蔬菜會越來越容易生長，相當神奇。不僅病蟲害減少，對於氣候冷暖變化的適應力也會越來越強。這樣種菜不僅會越來越輕鬆，產量也會隨之增加。

而最令人開心的就是，可以看到蔬菜的整個生長過程。大家知道萵苣、茼蒿、白菜、白蘿蔔與胡蘿蔔會開出什麼樣的花嗎？觀察蔬菜開花、結果、枯萎的過程，可說是天然菜園的一大樂趣。

實際在採種的時候，有些蔬菜的種子非常容易採集，有些則是要特別注意。另外，有些蔬菜只要播種就會成長，有些則較不易栽種。不妨從容易進行採種的品種開始嘗試吧。

來看看毛豆（大豆）的生長週期吧

毛豆和大豆本為同種植物。豆莢還是鮮綠色時不採收，讓裡面的豆子完全成熟，這就是大豆。隔年只要在適當的時期撒下豆子（種子），就能採收毛豆或大豆。

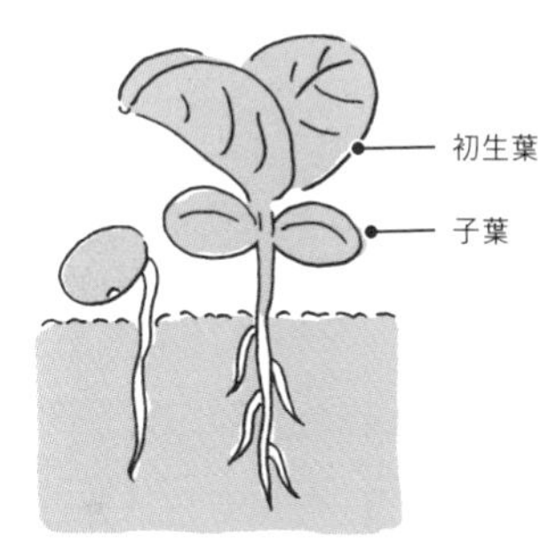

❶ 播種和發芽

只要將豆子（種子）種在土裡，就會吸收水分並開始發芽。隨著根部的伸展與子葉的舒張，最後就會在子葉之間看見初生葉（本葉長出之前的葉子，請參照P.116～117）。

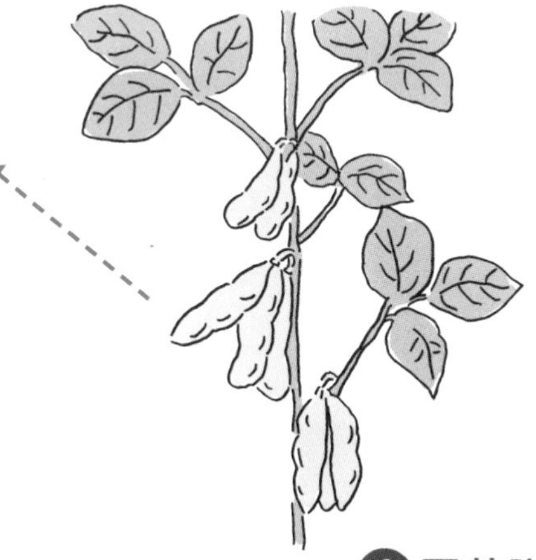

❷ 豆莢膨脹飽滿

各個品種的採收時期不同。播種之後，早生種通常需要70～80天，而晚生種則可能需要100～120天，當豆莢變得膨脹飽滿時，就表示毛豆可以採收了。

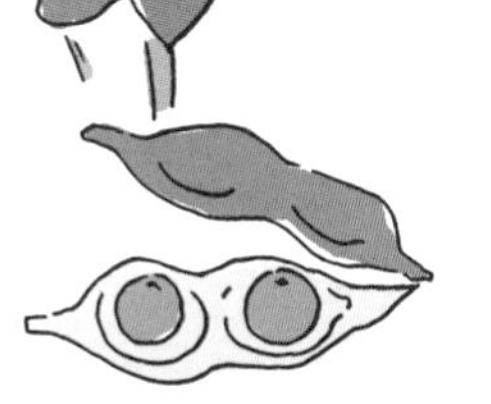

隔年播下採集的豆子（種子）

❸ 採收大豆

如果繼續栽種，豆莢裡的豆子就會逐漸圓滾飽滿。只要再過一個月以上，豆莢就會變得乾燥，搖晃時會發出聲音。此時只要剝開豆莢，就能採收成熟的豆子（種子）。這個階段，莖幹和葉子通常都已經枯萎。

我竟然不知道！

毛豆就是指提前採收的大豆喔。

試試看吧！從容易採種的蔬菜開始

蔬菜授粉的方式有2種

有興趣嘗試自家採種的人，建議從「**自花授粉型**」蔬菜著手。自花授粉指的是同一朵花（或同一植株的花）的雄蕊與雌蕊授粉。有些蔬菜的花朵形狀或結構比較容易自花授粉。儘管不同植株的花粉混到的可能性很低，親子（種子）之間也有個體差異，但就性質上來說，幾乎不會有所改變。

另一種是「**異花授粉型**」。這類蔬菜通常需要透過蜜蜂等訪花昆蟲或風等媒介將花粉傳播到其他植株上。若與其他品種的蔬菜授粉，親子之間的性質就會改變，無法保持一致。如果要讓蔬菜保留優良的性質，勢必要防止不同植株的花粉飛來雜交。至於異花授粉型蔬菜的種子採集，不妨等到熟悉自花授粉型蔬菜的採種後再來挑戰。

簡單！

自花授粉型蔬菜

毛豆（大豆）、四季豆、豌豆、花生等豆科蔬菜

▶豆莢乾燥後，便可採集全熟的豆子。

萵苣等菊科蔬菜

▶花謝了之後，只需等待種子成熟即可採集。

番茄、茄子等

▶可參考左頁。不過大番茄、圓茄與米茄類有時會發生異花授粉，因此與其他植株的距離要超過10m。此外，獅子椒、辣椒和青椒同屬茄科，通常也很容易出現雜交。

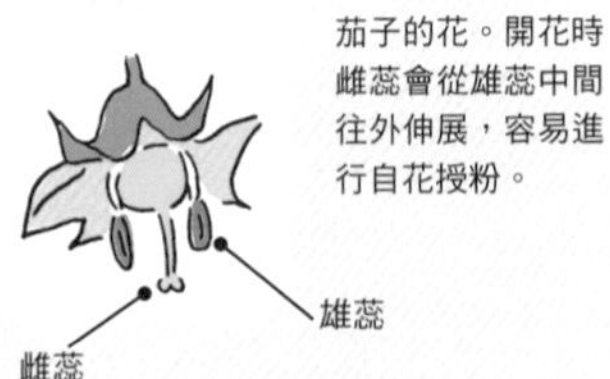

茄子的花。開花時雌蕊會從雄蕊中間往外伸展，容易進行自花授粉。

異花授粉型蔬菜

小黃瓜、南瓜、西瓜等葫蘆科蔬菜

▶雄花和雌花分開，授粉需靠蜜蜂或食蚜蠅等訪花昆蟲當媒介。亦可視情況在開花前進行人工授粉。

高麗菜、白菜、小松菜、蕪菁、白蘿蔔等十字花科蔬菜

▶以訪花昆蟲為授粉媒介。但要蓋上防蟲網，以免外部的訪花昆蟲飛來。

基本上要從健壯、沒有生病的植株進行採種。重點在於以果實的滋味與口感來挑選。

小番茄自家採種

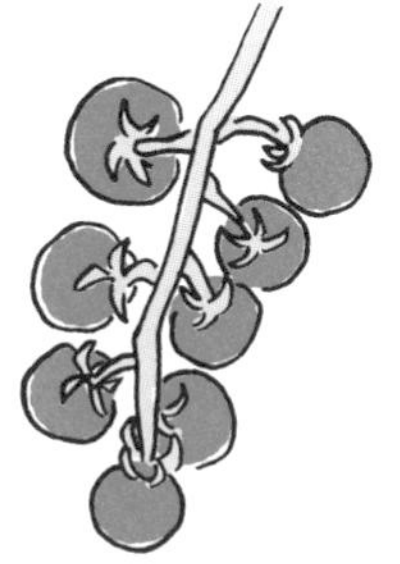

1. 摘下成熟的果實

從健康的植株上摘下成熟的小番茄。帶回家之後放在室內3～5天，讓果實與種子更加成熟。

2. 取出種子

將果實橫切對半，用湯匙等舀出帶有種子的膠狀物質。

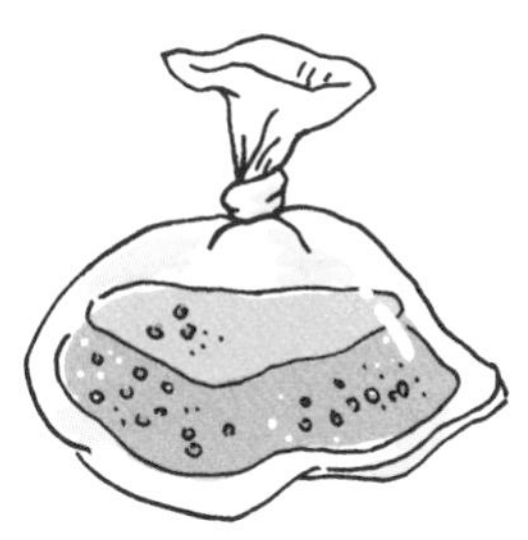

3. 使其發酵

將種子連同膠狀物質放入塑膠袋中，攤平後置於陰涼處發酵1～2天。

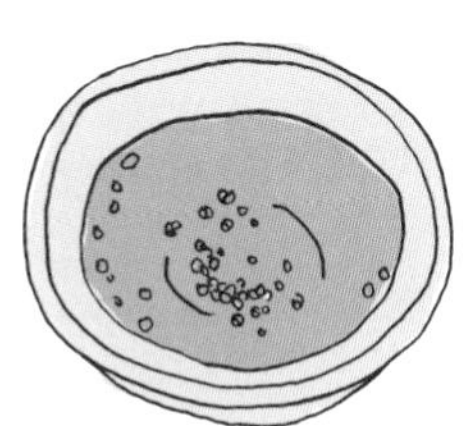

4. 沖水洗淨

膠狀物質含有抑制發芽的物質，只要經過發酵就能讓膠狀物質與種子分開。倒入缽盆或網眼較細的網篩把膠狀物質沖乾淨，同時清洗種子。

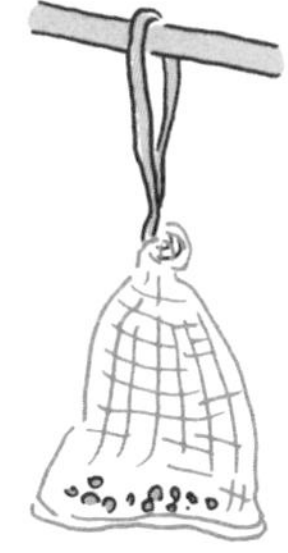

5. 徹底風乾

將清洗過後的種子放入網袋中，懸掛在通風良好的陰涼處風乾2週。

6. 冷藏保存

將乾燥的種子放入信封裡，在上面寫下蔬菜名稱與採種年分等資訊，連同乾燥劑一起裝入夾鏈袋中，置於冰箱裡保存。以這種方式保存，在3～4年內都可以發芽。

綜合綠肥作物

容易管理，而且也有益土壤

用綠肥作物代替用草覆蓋

天然菜園的第一個重點，就是用草覆蓋（參照第18～23頁）。但麻煩的是，很多人剛開始種菜或是初春之際，菜園裡通常都沒有足夠的草。雖然可以將菜園周圍的草割下來使用，不過有些市民農園規定菜園裡不可以放任雜草叢生。

為了在菜園裡種滿可以用來鋪在蔬菜根部的草，有人提出了「**綜合綠肥作物**」這個概念。

綠肥作物是指直接把新鮮的草當作堆肥種在菜園裡，除了能夠改良土壤，亦可當作肥料。自然生長的草當然也可以當作綠肥作物，不過通常會使用以人力播種、培育的「綠肥作物」。

常見的綠肥作物為牧草。因為管理容易，生長迅速，而且還有豐富的根系、葉子與莖梗，這些都可以當作綠肥來使用。柔軟且容易分解也是重點之一，只要翻犁入土，就能提供豐富的養分。

栽種在通道中央

在天然菜園中，綠肥作物並不需要翻犁入土，而是直接鋪在蔬菜根部周圍。所以這些作物通常會種在沒有種菜，也不會踩到蔬菜的通道中央。綠肥作物的根系發達，可以改善土壤的排水情況，對於整個菜園的土壤培養與改良頗有助益。

種在通道上的綠肥作物對菜園裡的生物來說宛如綠洲。加上通年生長，萬一其他草類減少，就能成為益蟲的庇護所，讓整片菜園免受病蟲害。

至於「綜合綠肥作物」，則是將禾本科（麥類）及豆科（三葉草類）等具代表性的綠肥作物種子混合之後，撒在菜園裡栽種而成。麥類和三葉草類是適合共伴栽種的植物，就算沒有特別照料，也能共榮生長。

混合2種不同綠肥作物共同栽種

主根淺根型

根部有根瘤菌共生，可使土壤變肥沃，為莖葉帶來豐富養分。

豆科（三葉草類）

絳紅三葉草（一年生）

紅三葉草（多年生）

鬚根深根型

根部延伸力強，有助於翻土整地，以根葉量多為特徵。

禾本科（麥類、草類等）

燕麥、義大利黑麥草等（一年生）

果園草等（多年生）

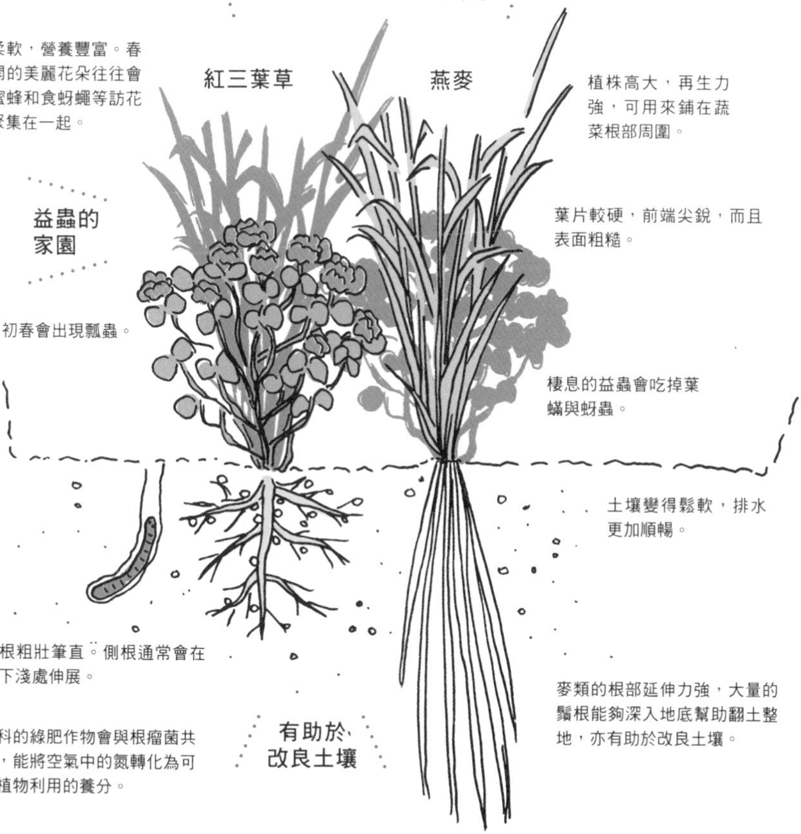

大量用來覆蓋地表的葉子

紅三葉草

燕麥

莖葉柔軟，營養豐富。春天盛開的美麗花朵往往會吸引蜜蜂和食蚜蠅等訪花昆蟲聚集在一起。

植株高大，再生力強，可用來鋪在蔬菜根部周圍。

益蟲的家園

葉片較硬，前端尖銳，而且表面粗糙。

初春會出現瓢蟲。

棲息的益蟲會吃掉葉蟎與蚜蟲。

土壤變得鬆軟，排水更加順暢。

主根粗壯筆直。側根通常會在地下淺處伸展。

麥類的根部延伸力強，大量的鬚根能夠深入地底幫助翻土整地，亦有助於改良土壤。

豆科的綠肥作物會與根瘤菌共生，能將空氣中的氮轉化為可供植物利用的養分。

有助於改良土壤

試試看吧！第一年施種綜合綠肥作物

配合菜園選擇綠肥

首先介紹一個實用的綜合綠肥作物典型範例。

一般的菜園建議選擇「**鬚根深根型**」的麥類與「**主根淺根型**」的三葉草類（包括一年生與多年生）混合的綠肥作物。因為播種之後一年生的綠肥作物會先長出來，之後是多年生的綠肥作物，如此一來就能長期提供用來覆蓋地面的草。

但如果是市民農園或是租借的農地，歸還之後隔年若是長出綠肥作物可能會造成他人困擾，在這種情況之下，不妨可以考慮栽種一年生的禾本科與豆科植物當作綠肥作物就好。

要是懶得自己收集每種綠肥作物進行混種的話，也可以考慮上網購買「綜合綠肥作物」。

綜合綠肥作物的作法

（種子的混合比例）

一般菜園適用

- 只要播一次種，綠肥作物就會連長好幾年
- 一年生和多年生的比例為1比1
- 禾本科和豆科的比例為2比1

市民農園、租借農地適用

- 每年重新播種
- 全都是一年生植物
- 禾本科和豆科的比例為1比1

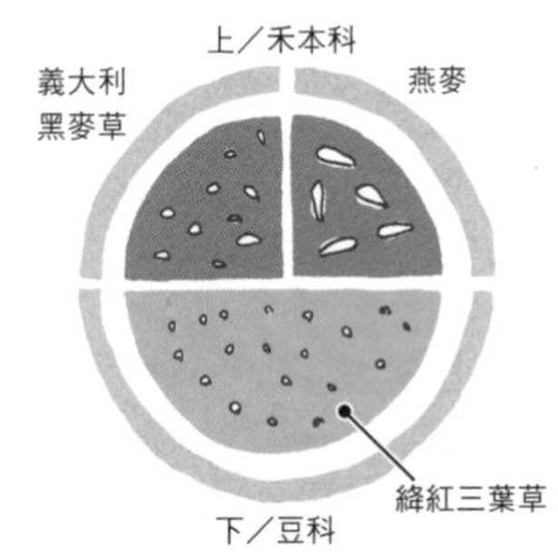

- 盛夏時期會枯萎，但只要和枯萎時期不同的禾本科綠肥作物混種就能常保生機

綜合綠肥作物的栽種方式

栽種適期為10～11月、2～3月

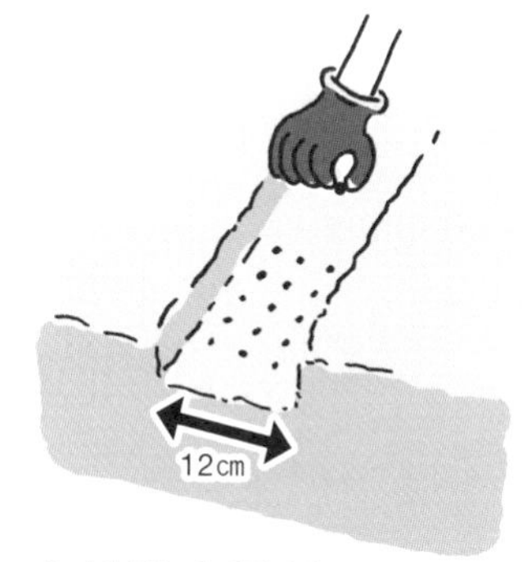

1. 在植溝中播種

用鋸鐮刀把通道中央的草割下來，在土壤表面挖出一條植溝之後，將綜合綠肥作物的種子撒在上面，每公尺約10g。

2. 蓋土壓實

將土覆蓋在種子上，用手掌從上方壓緊壓實。不需澆水。

3. 不要踩踏，橫跨過去

綠肥作物開始生長之後，要避免踩踏。長高的話，小心橫跨即可。

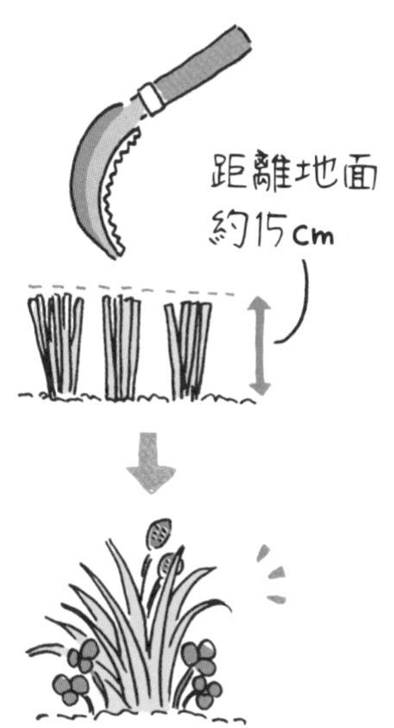

4. 長高之後割下來用於覆蓋地面

綠肥作物長高之後，留下距離地面約15cm的高度，其他部分割下來用於覆蓋地面。開花或是形成陰影等會影響蔬菜的生長時，也一樣要割除。即使割除，照樣會繼續長出新葉。

綠肥作物
剛發芽的時候，
小心不要踩到，
否則會枯萎！

5 菜園栽種計畫

透過年度計畫，讓蔬菜與菜園更美好

各區要種什麼？種多少？

如果想在春天開始種菜，一般的園藝書通常會建議先種馬鈴薯，而且許多人應該也曾經照著做。

然而馬鈴薯其實是個棘手的傢伙。在空曠的田地裡種菜時，我們通常會隨便挑個地方栽種。雖然馬鈴薯的生長速度快，但往往也是最先出現病蟲害的蔬菜。如果情況嚴重，同屬茄科的茄子與番茄也會跟著遭殃，染上病蟲害。

既然如此，何不把茄子和番茄種得遠一點，馬鈴薯的附近改種其他蔬菜就好了，不是嗎？沒錯，正是如此。每年種菜的時候，都要先擬定一個菜園栽種計畫，明確規劃各種蔬菜要種在菜園的哪個地方。這點非常重要。

規劃3種菜畦

這裡要提出一個簡單又實用的分區計畫，那就是分別把蔬菜種在3個不同的菜畦（蔬菜床）裡。

第一個是「**夏季菜畦**」。此區適合春天栽種、夏天至秋天採收的蔬果，例如小番茄、茄子、南瓜、小黃瓜及西瓜等。

第二個是「**冬季菜畦**」。此區適合秋天栽種、晚秋至冬天採收的蔬菜，例如高麗菜、小松菜、蕪菁等。這類蔬菜喜歡涼爽的氣候，因此在夏天以外的季節進行種植會比較合適。

但要注意的是，熱門的夏季蔬菜若是連續種在同一個地方，也就是所謂的「連作」，便會非常容易出現病蟲害。這種現象稱為連作障礙。為了避免這種情況發生，最簡單的方法就是「夏季菜畦」與「冬季菜畦」每年交替栽種。

不過有些蔬菜可以連作，而且這麼做還能提升品質。這類蔬菜可以種在第三個區域，也就是「**固定菜畦（連作菜畦）**」裡。例如馬鈴薯就是這種類型的蔬菜。只要將其種在遠離其他蔬菜的地方，每年與蔥一起種在同一個地點，就能有效避免一開頭提到的那些問題。可見擬定栽種計畫真的很重要。

固定菜畦（連作菜畦）

在固定的菜畦裡種植同樣的蔬菜。

可以直接連作的蔬菜

也可以與其他共生植物一起栽種。

- **白蘿蔔**（參照P.104～105）
- **胡蘿蔔**（參照P.108～109）
- **甘藷**（參照P.136～138）
  ……不管哪一種，連作的話外皮都會越來越漂亮，品質也會越來越好
- **南瓜**（參照P.92～93）
  ……不易產生連作障礙
- **洋蔥**（參照P.126～127）
  ……根系會慢慢延伸開來，品質也會變得更好

可以整組交換連作的蔬菜組合

整組栽種。每年在同一塊菜畦中交換種植的位置。

- **馬鈴薯和蔥**（參照下圖）
  ……不易發生病蟲害
- **里芋和薑**
  （參照P.132～135）
  ……不易產生連作障礙
- **草莓和大蒜**
  （參照P.96～97）
  ……可以促進生長，不易產生連作障礙

馬鈴薯和蔥的「固定菜畦」

詳細內容請參照P.128～131

明年

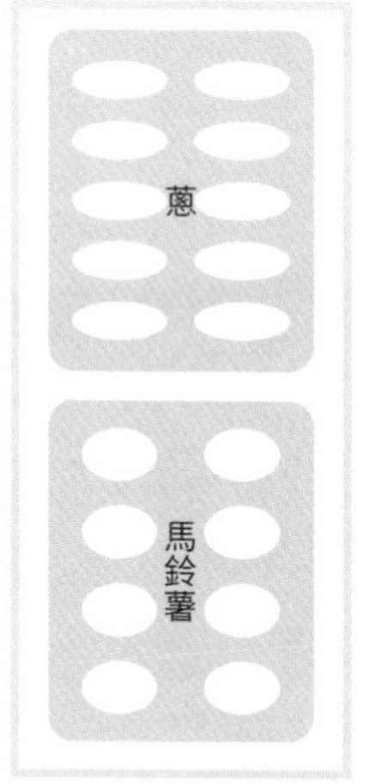

今年

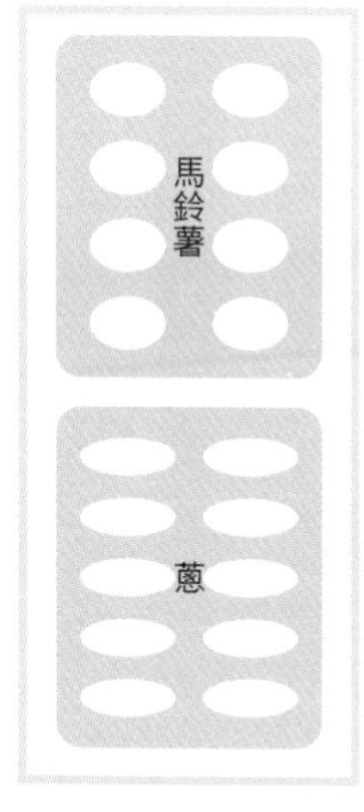

固定菜畦的優點就是每年可以在合適的地方固定種植一樣的蔬菜。在適地適作的情況下，蔬菜會更加茁壯成長。

在同一塊菜畦裡輪流栽種

每年輪流種植蔥和馬鈴薯。先種蔥再種馬鈴薯，或者先種馬鈴薯再種蔥。

「夏季菜畦」和「冬季菜畦」每年輪替

冬季菜畦每年春秋栽種2次

較容易出現連作障礙的是「夏季菜畦」的夏季蔬菜，主要包括茄科的番茄、茄子，以及葫蘆科的小黃瓜、西瓜等果菜類。相對於此，「冬季菜畦」種植的大多為十字花科的高麗菜、小松菜、白蘿蔔，以及菊科的萵苣、茼蒿等蔬菜。夏季菜畦和冬季菜畦的蔬菜種類差異很大，只要每年輪作就能避免連作障礙。冬季菜畦的蔬菜大多在春天與秋天栽種，因此同一塊菜畦的蔬菜種類只要輪流交換，一年就能種2次菜了。

天然菜園裡的蔬菜因為與草共生，所以連作障礙較少，只要引進共生植物，整片菜園的環境就會更加豐富，就算每年進行菜畦輪替也不會有問題。

夏季菜畦 種植的蔬菜

以從春天開始種植，夏天到秋天這段期間採收的蔬果為主。

果菜類

小番茄、番茄、茄子、辣椒、獅子椒、青椒等（茄科）

小黃瓜、西瓜、香瓜等（葫蘆科）

可以一起栽種的共生植物

蔥（大蔥、青蔥）、花生、四季豆、毛豆、荷蘭紅葉萵苣等

冬季菜畦 種植的蔬菜

在春天和秋天開始栽種，採收的蔬菜以葉菜類為主。

葉菜類

高麗菜、青花菜、白菜等（大型的十字花科）

小松菜、青江菜、水菜、芝麻菜等（小型的十字花科）

荷蘭紅葉萵苣（葉萵苣）、茼蒿等（菊科）

菠菜等（莧科）

根莖類

胡蘿蔔（繖形科）、大蒜（石蒜科），蕪菁、白蘿蔔、櫻桃蘿蔔等（十字花科）

果菜類

毛豆、蠶豆、豌豆等（豆科）

種完一種蔬菜之後
要立刻栽種下一輪蔬菜，
這樣土壤才會越來越肥沃喔！

冬季菜畦

只要春天開始栽種，大多數的蔬菜就能在夏末之前採收完畢。亦可當作從秋天開始耕種的菜園，在冬季菜畦改種其他蔬菜。

夏季菜畦

初夏開始栽種的蔬菜，大多數到了秋天就能採收。因此夏天結束就可以當作冬季菜畦，從秋天繼續栽種葉菜類或根莖類。

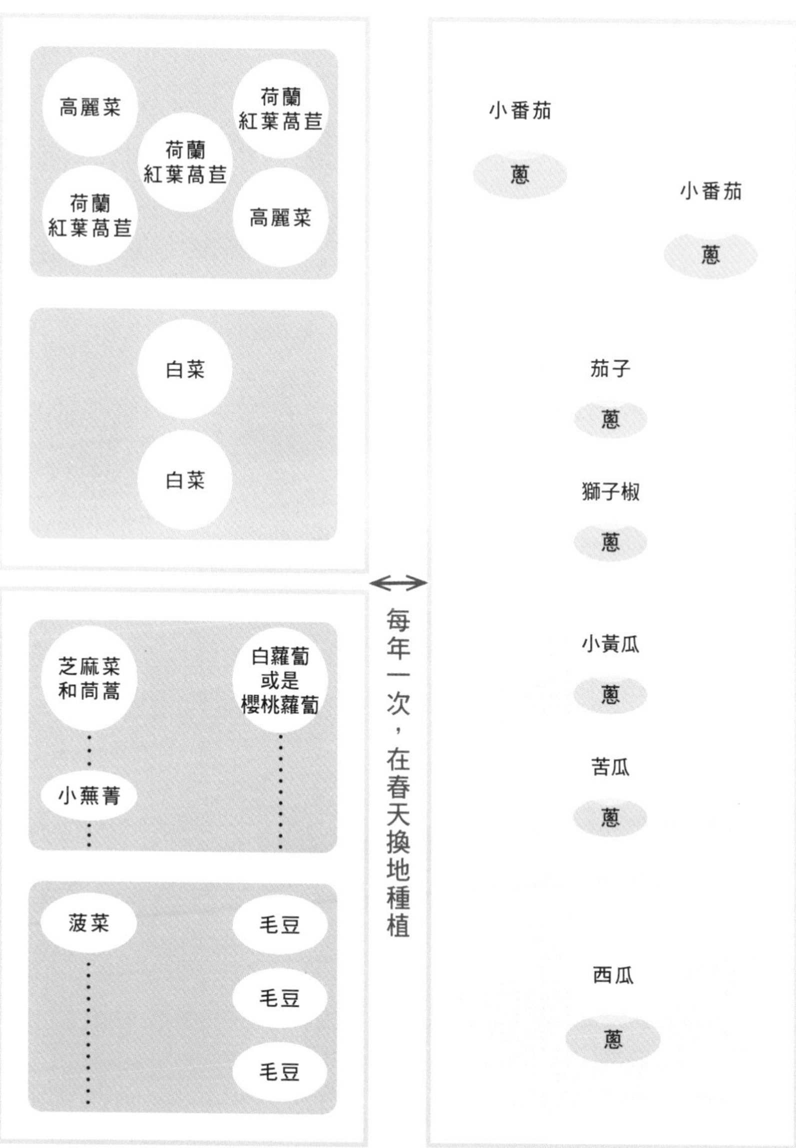

菜園從「作畦」開始準備

為蔬菜做張床吧

開始耕種之前，我們要先把菜園的土壤堆高，再將上面整成平坦的畦面，這個過程叫做「作畦」。這麼做不僅有利於排水，蔬菜的根也能健全地舒展開來，順利成長。

打算開闢成菜園的地方如果有長草，可以按照第22頁的要領，用鋸鐮刀貼著地面把草割下來。草根若是布滿地表，就把鋸鐮刀的前端插入土中將其根除。

整好地之後，先沿著南北向把土壤堆成一條長長的壟。寬1m，長度則依需求調整。通道（畦溝）的寬度以50cm為標準。將壟的表面整平，上面與側面要壓緊壓實，以免土壤崩塌，最後再將割下的草鋪在菜畦上就可以了。

排水良好，根部健康茁壯

關於天然菜園的整地與作畦工作，只要剛開始時做一次就可以了。

一般種菜時，只要某種蔬菜收成完畢，通常會先重新整理畦土，之後再種下一批蔬菜。但是天然菜園只要作好畦，就不會再重新開墾，頂多修補崩塌或是凹陷的地方，然後再繼續種下一批蔬菜。

菜園裡的土壤是透過蔬菜與草的根系在地底下慢慢翻鬆。這些根系一旦枯萎，就會在土壤裡留下根洞，成為水和空氣流動的通道。因此接下來種植的蔬菜只要利用之前這些通道，就能健康成長。

前一次耕種時使用的土壤，在種下一批蔬菜時也能夠發揮作用。只要蔬菜種得越多，土壤狀態就會越來越好，從而形成一個良性循環。

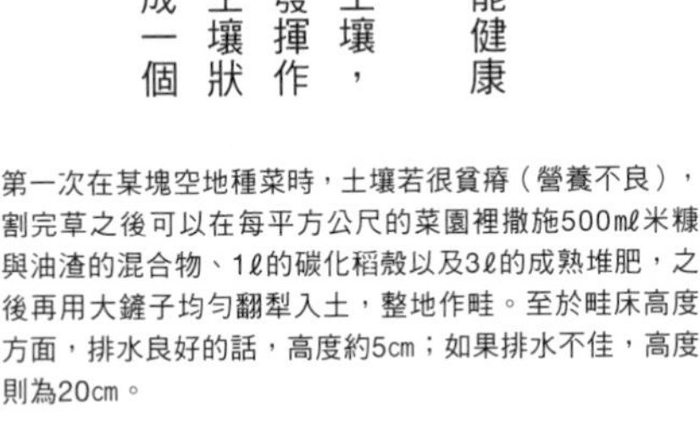

第一次在某塊空地種菜時，土壤若很貧瘠（營養不良），割完草之後可以在每平方公尺的菜園裡撒施500mℓ米糠與油渣的混合物、1ℓ的碳化稻殼以及3ℓ的成熟堆肥，之後再用大鏟子均勻翻犁入土，整地作畦。至於畦床高度方面，排水良好的話，高度約5cm；如果排水不佳，高度則為20cm。

第2章

工具與手作資材

呼～
先休息一下～
呼～
好像很有趣耶。
天然菜園……
啊！
可是要種菜的話，
應該需要準備工具吧？
我家已經沒有地方
可以放工具了。
都是一堆因為興趣
而買的登山用品。
登山用品
嘿嘿嘿
這我可以想像。
是不是要先準備一把鋤頭呢？
菜園工具我一樣也沒有。
妳看——
這個樣子？
就像
如何？

常用的基本工具是
割草用的
鋸鐮刀，
用於移植幼苗或是採收根莖類蔬菜的
移植鏝，
還有
採收的時候使用的
剪刀，
有這些會更方便！
喔！原來如此。
總之，有這3樣工具，應該就夠了！
什麼！
只要這樣就夠了嗎？
那看來我有希望了！
呵呵呵

最近天氣炎熱，所以還有
用來灌溉的澆水器，
有刻度的水桶，
鏟子，
有這些工具會更方便。
哇～原來
沒有鋤頭也能種菜！
真是令人意外，竟然比我想像的還要少。
其他像肥料還有液肥呢？
這些資材也要準備吧？
蔬菜肥料
遠離菜蟲
我想方法應該有很多種，
不過我的資材幾乎都是利用廚房用品做的喔。
廚房用品!?
什麼!!

那個也很簡單，只要將身邊的一些材料混合就可以了。
醋
燒酎
木醋液
酒醋液
無農藥的強大盟友
「酒醋液」
優格
乾酵母
微生物
用發酵的力量讓蔬菜與土壤充滿活力的
「微生物活性液」
哇！
全都是有益健康的東西耶！
因為醋和發酵食品都對身體很不錯。
蔬菜也和我們人類一樣，都要重視身體健康喔～
原來如此——
下半堂課要開始囉。
啊！上課了。
走吧，大家一起來認識工具和資材吧!!
好～

天然菜園使用的工具

天然菜園經常用的工具共有3種：鋸鐮刀、移植鏝，以及剪刀。若想要備齊的話，剛開始不妨先從這「3種神器」著手，這樣在進行播種、移植（定植）、用草覆蓋土壤及收成等基本工作時，就可以派上用場了。

其他像澆水灌溉與耕地翻土所需的工具，不妨根據水源與菜園的距離，以及耕種面積的大小慢慢添購吧。

鋸鐮刀

原本是用來收割稻穀與麥類的一種工具。在天然菜園要把草割下來鋪在地上時，相當實用。另外，在割斷藤蔓或牽繩、播種時挖掘植溝，或是採收高麗菜與菠菜等作物時都能派上用場。

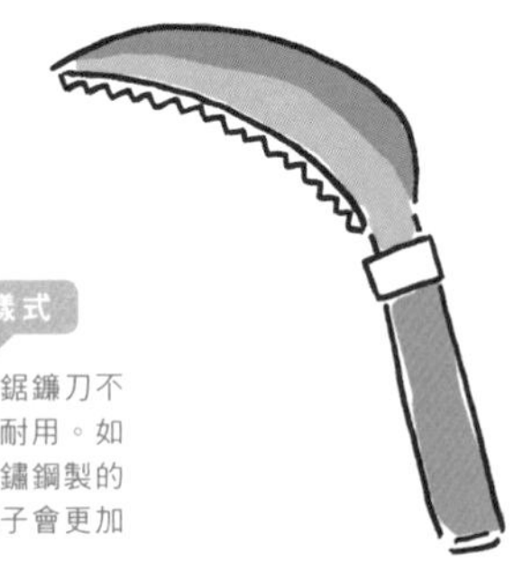

推薦的樣式

不鏽鋼材質的鋸鐮刀不易彎曲，堅固耐用。如果是醫療用不鏽鋼製的鋸鐮刀，割繩子會更加順手。

② 移植鏝

移植幼苗、挖掘植穴，以及採收馬鈴薯與胡蘿蔔等根莖類蔬菜時所用的工具。整理菜畦表面時也能派上用場。

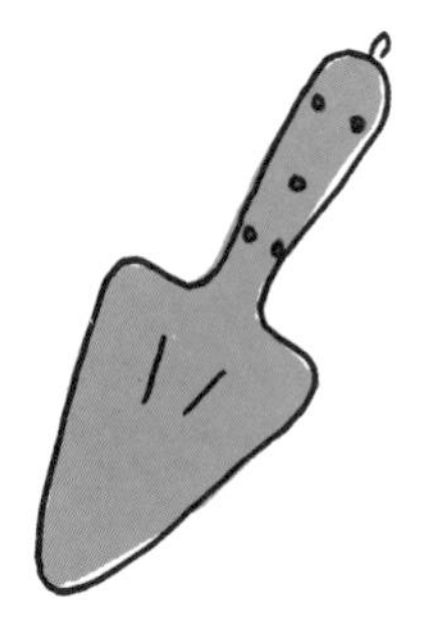

推薦的樣式

移植鏝整支都是不鏽鋼材質比較不容易受損，也不易生鏽。便宜的移植鏝容易彎曲，這點要注意。

③ 剪刀

果菜類與葉菜類採收時不僅可以派上用場，茄子與小番茄等作物在進行修剪、摘除側芽及摘心時也相當實用。剪斷牽繩的時候也很方便。

推薦的樣式

不鏽鋼剪刀比較不容易生鏽。前端銳利細長、專門用來剪葡萄果實的剪刀也相當好用。

有的話會更方便的工具

若能順便準備澆水器或水桶放在天然菜園，
灌溉時會更方便。

4 澆水器

用來澆水灌溉的工具。可以將P.49介紹的酒醋原液用水稀釋後，像下雨般淋在蔬菜上，或是重點式地灌溉在作物根部。

推薦的樣式

一定要選擇有花灑頭的澆水器。在製作酒醋液時，容量為7ℓ的澆水器會比較實用。

如果能根據注水口的大小選購適當的濾茶網放在上面，就能防止垃圾堵塞花灑頭，延長使用壽命。

6 鏟子

可用來打壟作畦、挖掘植溝、修補菜畦、採收根莖類蔬菜。

推薦的樣式

選擇圓頭鏟，而不是尖頭鏟。

5 水桶

除了運送水，製作酒醋液時也能派上用場。還能用來清洗帶有泥土的蔬菜和工具。

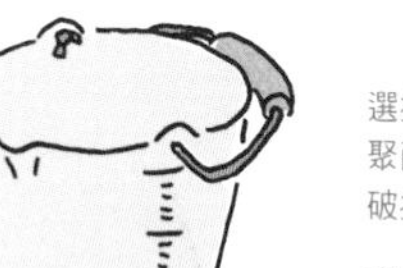

推薦的樣式

選擇耐用的聚乙烯製品。聚丙烯製的水桶十分容易破損。

容量為10ℓ，上面最好附有刻度。

COLUMN

基本作業熟悉之後就可以準備了

天然菜園基本上不需要耕地翻土，所以沒有鋤頭也無妨。但是打壟作畦與採收根莖類蔬菜時因為需要挖土，有把鏟子的話會更方便。不過挖掘植溝或是壓平菜畦時，有把鋤頭應該會比較好用。建議選擇刀刃平坦、握柄沒有突出的鋤頭，使用時才會順手。

利用現成的材料手作資材

幫助蔬菜生長，整理菜園環境

土質良好的菜園，只要陽光充足，雨水適度適量，草就會茂密生長。只要將草割下來覆蓋在土上，就能讓土壤越來越肥沃，蔬菜也會茁壯成長。因為土裡有微生物與蚯蚓等各種生物棲息，在背後幫助蔬菜生長。

不過這種情況僅限於土壤條件佳的菜圃。本為院子的地方若是改成菜圃，或者在裡頭噴灑化學肥料或農藥的話，微生物和蚯蚓等生物就會變少，這樣反而會阻礙蔬菜成長。

天然菜園若是持續栽種蔬菜多年，菜圃的土壤會越來越好。然而近年受到氣候變遷的影響，加上極端乾燥或是連日下雨及陰暗的日子越來越普遍，因此在種菜時，勢必要從旁輔助蔬菜生長才行。

這時能成為強力盟友的，包括「**酒醋液**」、「**Ca酒醋液**」、「**微生物活性液**」與「**有機發酵肥料**」等自製資材，而且材料都是廚房等日常生活中所使用的食材與調味料。這些資材不僅能幫助蔬菜生長，還能增加土壤中的微生物和生物，有效改善菜圃的環境。

施灑方式

＊酒醋液、Ca酒醋液與微生物活性液相同。

使用**噴霧器**

蔬菜株數不多或菜園裡沒有水源時，可先裝入噴霧器再帶過去。

彷彿要將上面的灰塵沖洗乾淨般，噴灑在整個葉片上。

使用**澆水器**

自製資材要先以水稀釋再使用。

傍晚時分澆水時，將花灑頭朝上，均勻地灑在蔬菜上，給予足夠的水分，直到水從葉子上滴落下來，讓土壤得到滋潤。

酒醋液

富含礦物質的人工雨讓蔬菜更強壯

沐浴在大自然雨水之下的蔬菜之所以如此閃亮耀眼，原因在於雨滴裡含有空氣中的氮與礦物質等成分。因此植物可以連同雨水將這些微量的成分從葉子與根部吸收，茁壯生長。

而酒醋液正是替代雨水的實用資材。這是將食用醋、燒酎與木醋液以水稀釋而成，內含醋酸等有機酸、酒精與多酚等成分。醋酸是經由光合作用生成的重要物質，能夠促進植物的新陳代謝，加強對乾燥等環境變化的適應能力。至於醋酸和酒精則具有殺菌的作用。

製作方法

一起製作原液吧

酒醋液是將食用醋、燒酎與木醋液以1：1：1的比例混合後，再稀釋1000倍調製而成。只要事先準備好用食用醋、燒酎和木醋液調配的原液，每次澆水時依照下列要領稀釋使用，便很輕鬆。

準備的東西

- 食用醋……160mℓ
  也可以使用米醋、穀物醋等。
- 木醋液……160mℓ
  也可以使用竹醋液。
- 燒酎……160mℓ
  酒精濃度以25度為佳。
- 空的寶特瓶（500mℓ）

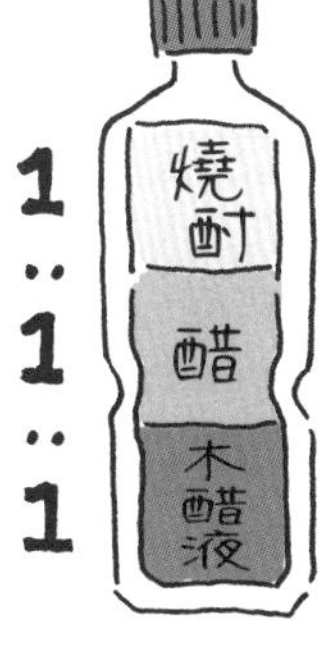

將食用醋、燒酎和木醋液倒入寶特瓶後，輕輕搖晃，混合均勻。置於陰暗處保管的話，可以使用半年。

使用方法

7ℓ的水加入3瓶蓋的量

寶特瓶蓋的容量約7mℓ。將澆水器裝滿7ℓ的水之後，倒入3瓶蓋的酒醋原液混合均勻，注意不可太淡或太濃，否則會效果不彰，甚至讓作物出現生長障礙。稀釋過後要立刻用完。

手作資材 2

微生物活性液

增加有益的微生物，讓土壤更健康

菜園裡住著許多微生物。而在土壤中分解有機物質，使其更加肥沃的也是微生物。就連葉子與根部表面也棲息著各種微生物，幫助植物生長。有些微生物會導致植物生病，但是也有可以抑制其增殖的有益微生物。

微生物活性液是將酵母菌、乳酸菌、納豆菌培養繁殖而來。這些菌擅長分解，能夠清除葉子和根部表面的老舊廢物。這些分解物會成為養分，菌類的死骸也可供其他微生物食用，營造健全豐饒的環境。

亦有人稱其為「愛媛AI-2」或「MAIENZA」。

準備的東西

（分量為500mℓ）

- 優格…… 25g
- 乾酵母…… 2g
- 納豆…… 2～3粒
- 砂糖…… 25g
  建議用富含礦物質的黑糖或蔗糖。
- 自來水…… 450mℓ
- 空的汽水寶特瓶（500mℓ）

倒入材料後輕輕搖晃，混合均勻，接著放在窗邊等25～35℃的溫暖處約7天。

發酵之後會產生氣體，所以瓶蓋不可以拴緊喔！

製作方法

讓材料發酵使菌類繁殖

優格有乳酸菌，乾酵母有酵母菌，納豆則是有納豆菌。砂糖的糖分會成為這些菌的食物，使它們增殖。

7天過後只要散發出類似麵包或酒的香氣，舔起來酸酸甜甜的就算大功告成。置於室內常溫保存的話，通常可以使用半年。微生物活性液會分離成層，只使用沉澱物上方的上清液。

使用方法

將微生物活性液倒入酒醋液裡

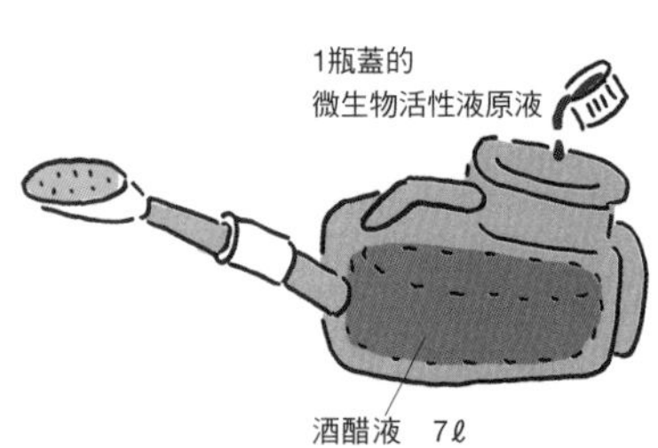

根據P.49的要領準備酒醋液，加入一個寶特瓶蓋的微生物活性液後混合均勻。酒醋液的原液屬於強酸性，混合後放置太久反而會殺死微生物，因此要用的時候再調製。可以在蔬菜容易發生病變的梅雨季節，或是曾經噴灑化學肥料或農藥的菜圃裡施用。

手作資材 3

Ca酒醋液

添加鈣質，讓植物骨骼更強壯

鈣（Ca）是植物生長的必須成分，也是建造細胞壁、培養健壯身體不可或缺的養分。

舉例來說，番茄果實的底部若是發黑，就有可能是缺鈣造成的。有時候缺少鈣也會讓高麗菜、白菜和菠菜等蔬菜的芯因為腐爛而變成褐色。

發生這種情況的話，可以將蛋殼放進醋裡溶解，製作成「Ca醋」來補鈣。只要根據以下要領調製原液，再與酒醋液（參照第49頁）混合，就能替代水為蔬菜灌溉了。將鈣製作成溶液可讓根部和葉子迅速吸收，如此一來就能有效預防蔬菜缺鈣了。

製作方法

用蛋殼和醋製作「Ca醋」

蛋殼是鈣的聚合物，遇到酸會非常容易溶解。因此只要倒入醋靜置一整天，大約有一半的蛋殼會溶解，這樣就能製作出Ca醋的原液。置於冰箱保存可以使用3個月。

準備的東西

- 蛋殼……1顆份
- 食用酢……100mℓ
  也可以使用米醋、穀物醋等。
- 杯子等容器
- 空的寶特瓶（250～300mℓ）

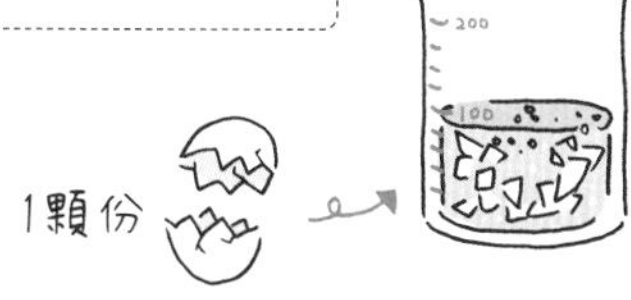

將蛋殼搗碎之後，放入杯子等容器中，用免洗筷輕輕攪拌。加醋之後靜置一天，再用濾茶網過濾。將上清液裝入寶特瓶中，置於冰箱冷藏保存。剩下的蛋殼可以撒在鋪在土壤上的草底下。

使用方法

在酒醋液中添加Ca醋

根據P.49下方的要領準備酒醋液，加入一個寶特瓶蓋的Ca醋原液後混合均勻。要用的時候再調製。

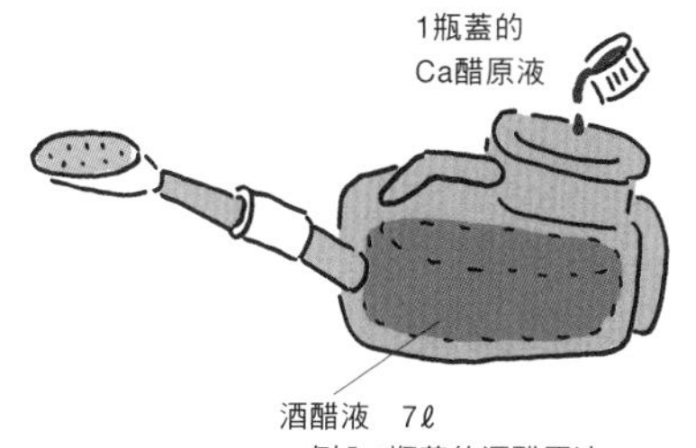

酒醋液與Ca醋混合之後要用完，不可保存，因為裡頭的成分會產生變化。

手作資材 4

有機發酵肥料

藉助發酵的力量，讓土壤和蔬菜更健康

堆肥是將有機物質（此處為米糠）進行某種程度的發酵之後分解而成的肥料。以在某段時間內慢慢發揮作用為特色。

有機發酵肥料是加入有益微生物（乳酸菌、酵母菌、光合細菌等常見的益生菌）的堆肥。也就是利用微生物活性液（參照第50頁）讓米糠發酵，製成堆肥，並在需要進行「追肥」（參照第75頁）的時候善加利用。也可以用市售的活性液替代微生物活性液來製作。

只要有益的微生物增加，並且慢慢地分解，就能在土壤裡刺激更多微生物進行活動。

比照味噌的製作方式

利用微生物活性液讓米糠進行發酵。方法與製作味噌時一樣。把材料混合均勻，裝入塑膠袋密封之後，放入有蓋子的水桶裡保存。

準備的東西

（分量約12kg）

- 米糠……10kg
- 沸石……100g
  可以到家居建材行購買。
  也可使用1kg的稻殼或蛭石。
- 微生物活性液（P.50）……2.5ℓ
  原液，或是將250cc的微生物活性液加入10倍水調成的稀釋液。
  準備的分量為米糠重量的25%。
  也可以使用市售品。
- 塑膠袋
  取0.05㎜厚、醃漬醬菜專用的塑膠袋1個，0.03㎜厚的話要2個塑膠袋重疊。
- 有蓋子的水桶或是醬菜桶（塑膠製）
- 繩子
- 澆水器
- 藍色防水帆布

① 把材料混合均勻

將藍色防水帆布攤開，倒入8成的米糠（剩餘的留在③使用）與沸石混合之後，接著將微生物活性液倒入澆水器中，均勻灑在上面。

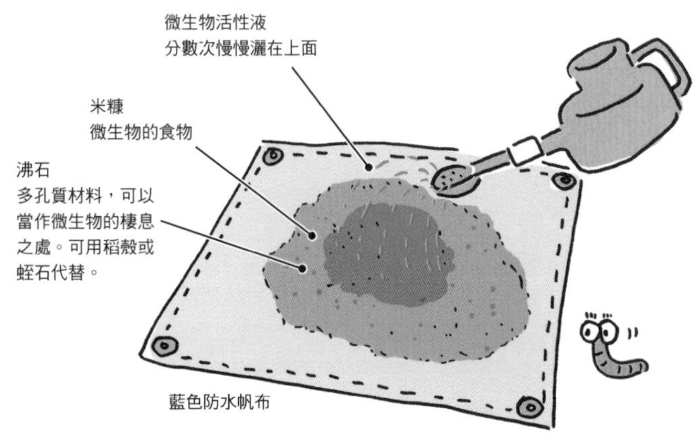

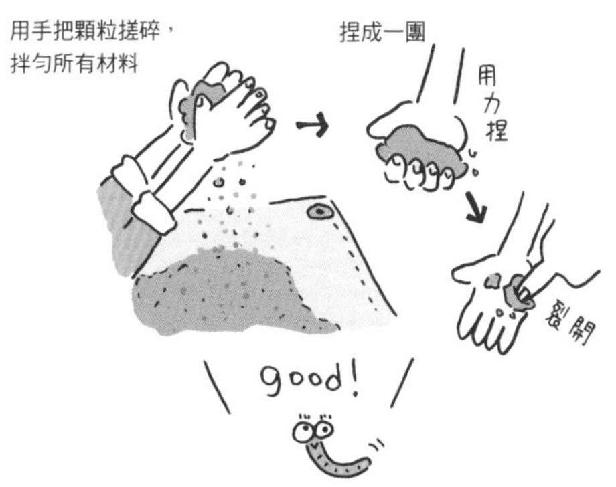

② 調整水分含量

放在手掌上可以捏成一團，但用手指輕壓卻會裂開，代表水分含量剛好。無法捏成一團就補一些微生物活性液；用手指按壓不會裂開就補一些米糠。

要分次少量加入
微生物活性液。
水分太多的話會
很容易腐壞喔！

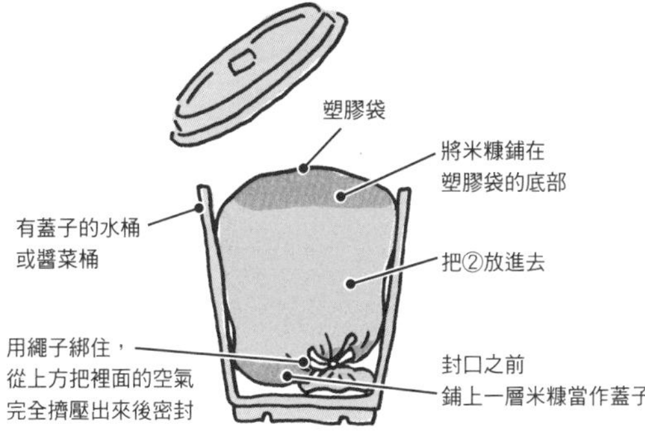

整袋倒過來放進桶子裡，讓空氣
無法從袋口跑進去，完全密封

③ 裝入塑膠袋密封

將剩下的米糠取一半左右倒進塑膠袋中，接著把②放在上面。以剩下的米糠當作蓋子蓋在上面之後，一邊將裡面的空氣擠壓出來，一邊用繩子把袋口綁緊，整個密封起來。將有機發酵肥料的材料裝入塑膠袋之後，倒過來放在有蓋子的水桶或醬菜桶裡，蓋上蓋子後放在廚房的角落等陰涼處。

需要1～2個月才能完成

到完全發酵為止，如果是平均氣溫20℃的夏季需要1個月，如果是約10℃的春季或秋季則需要2個月的時間（累積溫度為600℃）。完成後會散發出一種酸酸甜甜的香氣。

使用方法

夾在割下來的草當中

有機發酵肥料不直接撒在土上，而是要撒在割下來覆蓋土壤的草上。因為陽光會把菌殺死，所以上面還要再鋪一層草，也就是像製作三明治一樣把有機發酵肥料夾在草層之間。只要菌增加，便能加快草的分解速度，如此一來土壤中的微生物也會跟著增加。

割下新的草，鋪在上面

天然菜園  準備篇

Q 天然菜園為什麼不用耕地翻土呢？

A 因為蚯蚓會幫忙翻土。平常是蚯蚓、草及蔬菜的根部在翻動土壤，使其轉化成富含腐植土且呈團粒結構的土壤。所以不耕地的話，這些生物反而會更開心，蔬菜的根部也可以深入土壤裡。

耕地翻土的話，反而會讓土壤裡超過9成的生物死亡，而且要花費約2年的時間才能恢復原狀。若要翻土耕種，建議每2～3年進行一次就好，而且只在菜畦上耕土，讓通道上的綠肥作物保留下來。

Q 不管是什麼草都可以拿來覆蓋土壤嗎？

A 基本上，在該處生長的一年生植物的根部要留下來，只將地面以上的草割下來覆蓋在土壤上。不過魁蒿、魚腥草及白茅等多年生植物留下根的話會不停生長，所以要連根拔起。只要將根朝上放在通道上，充分乾燥後就可拿來覆蓋土壤了。

西洋蒲公英、北美一枝黃花等外來種植物如果帶有花朵或種子，則會非常容易在菜園裡生長，不適合拿來覆蓋土壤，因此要連同落葉堆放在某個地方。2～3年過後，這些草會變成土壤，若要使用就等到那之後吧。

Q 想在院子裡闢一塊天然菜園，但是要怎麼耕地翻土呢？

A 住宅區的庭院，整體上就像是一個排水不良的花盆，土壤狀態稱不上良好。在這種情況之下，不妨將木板或其他材料當作擋土牆，製作一個高約30㎝的高架床（墊高的花壇），之後再將堆肥、碳化稻殼及米糠當作追肥（參照P.40）與庭院的土混在一起，同時每平方公尺再混入蝙蝠糞100g、苦土石灰100g，以及至少20%的盆栽土壤。這樣排水才會好，蔬菜也比較容易成長。

第3章

在天然菜園裡種菜吧

3 認識蔬菜是什麼意思？

過沒幾天，對天然菜園產生興趣的小葵決定跟著小綠一起去上天然菜園教室！
我今天要把種菜的方法徹徹底底地學會——
鬥志
高昂
啊哈哈
真有幹勁呢～
不錯不錯！
今天要介紹栽種蔬菜的方法。不過在開始上課之前，有些事情我希望大家能知道。
什麼事呢？
蔬菜是從世界各地傳來我們這裡的。
你們看!!
菠菜從絲路傳入
櫛瓜從北美洲傳入
西瓜從非洲傳入
番茄和馬鈴薯從南美洲傳入
哇啊——!!

加上我們這裡四季分明，
地形縱長，因此各個地區的
蔬菜產季當然也會有所不同。
春
夏
秋
冬
真的耶!!
無農藥栽培的重點
就是配合產季種植蔬菜，
讓蔬菜可以毫無壓力地
自然成長、茁壯。
所以並不是隨時想種就種喔。
喔—
可、可是…
舉手
要怎麼知道
什麼季節
該種什麼菜呢？

只要看種子包裝袋就可以知道了喔。
○△交配
早生毛豆
●特性
●栽培方法
①
②
③
寒冷地：○月～○月
中間地：○月～○月
暖地：○月～○月
有效年月○年○月○日
發芽率○年○月現在○%以上
內容量40ml
（株）○△交配
●種子種類
●蔬菜名（品種名）
●蔬菜特性
●栽培方法
●播種期（播種適期）
●有效年月
●產地
●發芽率
●種子的殺菌處理方法‧加工法
真的耶！
原來上面有這麼多資訊呀—
除了播種期，種子包裝袋上還有很多資訊。就算是已經培育成幼苗的蔬菜也一樣，只要看種子包裝袋就能知道栽培時期了。
哇—好、好厲害！
可是……這些全部都要記下來不可嗎～？（哭）
我沒有自信…

不不不，別擔心。
只要記住4種類型
就可以了。
4種？！
？
所有蔬菜都可以
根據適合生長的溫度
像這樣進行分類。
大衣蔬菜
長袖蔬菜
短袖蔬菜
運動背心蔬菜
高麗菜、蠶豆等
白菜、白蘿蔔等
番茄、小黃瓜等
茄子、西瓜等
原來如此——
一清二楚耶！
只要這麼記的話，
就不會搞錯播種或是
移植的時期了，
了解！！
這樣的話
我也
做得到！
連我都
記得住，
沒問題啦！
努力
筆記

種植當季蔬菜

蔬菜各有容易自然生長的「產季」。當季成長的蔬菜不僅生氣勃勃，對於蟲害和疾病也比較有抵抗力，收成之後更是風味絕佳，美味可口。但反過來說，如果錯過適合栽種的時期，種子就有可能發不了芽，即使發芽也會因為氣候寒冷或炎熱而枯萎；就算長大也會飽受病蟲害侵襲，使得味道變差。

蔬菜與里山及原野中生長的草完全不同，絕大部分的品種都是經由人類從世界各地帶來的。只要環境與氣候接近原本生長的地方，栽種起來就會比較容易。

不妨配合自己生活的地區，找出適合栽種的時期來種菜吧！至於栽種要點，可以參考種子包裝袋後面所寫的栽培日曆、發芽適溫及生長適溫。有一些還會特別標示「寒冷地」、「中間地」及「暖地」，這樣就能掌握每個地區的蔬菜「產季」了。

從種子包裝袋可知道這些資訊！

[品種名]
有時商品名會與品種名不同。如果知道品種名，就可以透過網路得到更多詳細的資訊。

[「××交配」]
意指交配種（F1品種）。蔬菜會比較強健，性質也會比較一致。如果上面沒有「××培育」等字樣或特別標註，就是固定種。固定種蔬菜通常比較適合自家採種。

[產地]
採種的地點。在國內如果靠近自己居住的地區，蔬菜通常會比較容易栽種。

[發芽適溫和生長適溫]
發芽與生長時的適當溫度。早春播種的時候，發芽適溫若是高於生長適溫，就需要進行溫度管理。

[有效年月和發芽率]
可以知道有效期內的發芽率，藉此得知栽培要點。例如發芽率若為70%，最好多種一粒以防萬一，之後再間拔疏苗。種子一旦超過期限，發芽率就會下降。

[種子有無消毒]
可以知道種子使用的農藥。如果要進行無農藥栽培，購買種子前要先確認。

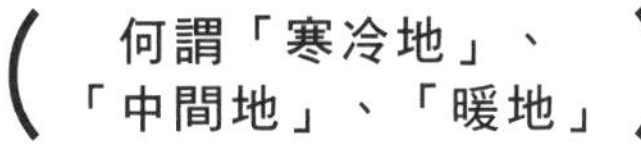

日本列島呈縱長型，各地氣候均不同，就連海拔高度也會導致溫度差異，因此經常用來栽種的種子才會分成「寒冷地」、「中間地（溫暖地）」及「暖地」。在查看種子包裝袋的栽培日曆時，也要順便確認菜圃所在之處是屬於哪個地區。

●年均溫的參考標準

寒冷地（冷涼地）　9～12℃
中間地（溫暖地）　12～15℃
暖地　15～18℃

寒地
寒冷地（冷涼地）
中間地（溫暖地）
暖地
亞熱帶

最低溫、最高溫也要注意

許多夏季蔬菜不耐寒冷，所以在種小番茄、茄子、小黃瓜、甘藷與里芋等作物時要注意最低溫，盡量避免在霜降時期栽種。春秋兩季種植的蔬菜偏愛涼爽的季節。像高麗菜、蕪菁、白蘿蔔與萵苣等蔬菜則不喜歡高溫潮濕的夏天。

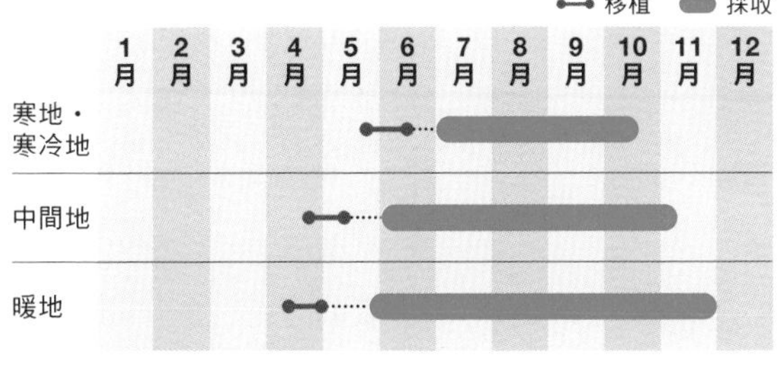

容易降霜的時期不適合露天種植。
中間地每隔幾年會在4月中旬出現一次晚霜。

不會降霜的時期是栽種的「旺季」

●以夏季蔬菜・茄子為例

原產地為印度東部的熱帶地區。相當耐熱，但不耐寒，一旦遇霜就會枯萎，因此不會降霜的時期是種菜的「旺季」。

根據生長溫度分別栽種蔬菜

每一種蔬菜都有可以順利成長的「生長溫度」。而當中的「生長適溫」，指的就是特別適合栽培的溫度，算是每種蔬菜在適應原產地的氣候與風土條件之下所得到的結果，也是其所具備的特性之一。若要在四季分明的地方栽種來自世界各地的蔬菜，勢必要先考量到每種蔬菜的「生長適溫」，再來選擇栽種時期，這點很重要。

我們可以根據發芽適溫和生長適溫，把蔬菜大致分為左頁的4個群組。

耐熱卻怕冷的是夏季蔬菜，也就是在第36～39頁的菜園栽種計畫中，栽種於「夏季菜畦」的蔬菜。特別耐熱的是「**運動背心蔬菜**」，稍微有點怕熱的是「**短袖蔬菜**」。

雖然怕熱，不過擁有一定耐寒性的是秋冬蔬菜與春季蔬菜。也就是菜園栽種計畫中，栽種於「冬季菜畦」的蔬菜。這些蔬菜可以分為耐寒能力強到可以過冬的「**大衣蔬菜**」，以及不太容易熬過嚴寒冬季的「**長袖蔬菜**」。

若是天氣熱到讓人想穿背心，就是適合種植運動背心蔬菜的大好時機；如果讓人想換穿長袖的話，就代表生長期已經接近尾聲。種菜時要善用上述的群組分類，好好體會蔬菜的不同特性。

了解地區季節變化的生物曆

若想掌握當地的氣候，就要善用生物曆。即使季節因為氣候變動而有所偏差，照樣可以利用生物曆調整修正（括號內是平均溫度）。

染井吉野櫻開花
（8～10℃）

馬鈴薯定植

染井吉野櫻盛開
（10～12℃）

春季白蘿蔔播種，
準備「圓形高畦」

多花紫藤盛開，小麥抽穗
（16℃）

小番茄、茄子、獅子椒、
小黃瓜等開始移植

紫薇、胡枝子開花
（25℃）

白菜播種

芒草抽穗
（24℃）

秋季白蘿蔔等秋冬蔬菜
播種

馬蘭盛開
（18～20℃）

菠菜晚秋播種的
期限

夏季菜畦種植的蔬菜

短袖蔬菜

蔬菜名

小番茄、馬鈴薯、小黃瓜、西洋南瓜、韭菜、毛豆、四季豆等

特性

適合在身穿短袖的舒適季節生長的蔬菜，不喜炎夏。屬於夏季蔬菜，因此氣溫低於12℃便會受寒，遇霜就會枯萎。原產地多為高原等海拔較高的地區，只要氣溫超過28℃就會中暑。

主要原產地…高地、沙漠周邊
發芽適溫……15～25℃
生長適溫……15～25℃

運動背心蔬菜

蔬菜名

辣椒（青椒類）、日本南瓜、苦瓜、西瓜、哈密瓜、茄子、秋葵、玉米、花生等

特性

不太能適應15℃以下的寒冷氣候。初夏生氣盎然，在熱到讓人想穿上運動背心的時期會蓬勃生長。不過這幾年將近40℃的炎夏則會使其失去活力。

主要原產地…從熱帶到亞熱帶地區
發芽適溫……25～30℃
生長適溫……25～30℃（最高可達35℃）

冬季菜畦種植的蔬菜

大衣蔬菜

蔬菜名

蠶豆、豌豆、洋蔥、高麗菜、萵苣、菠菜等

特性

在外出需要加件大衣的季節也會繼續成長，雖然生長速度會因為氣溫降低而變得緩慢，卻能順利熬過冬天。相反地，這類蔬菜不喜歡炎熱，通常無法度過夏天。

主要原產地…溫帶地區
發芽適溫……15～20℃
生長適溫……5～20℃

長袖蔬菜

蔬菜名

青花菜、白菜、白蘿蔔、胡蘿蔔、草莓、蔥等

特性

在春秋兩季需要穿上長袖的涼爽季節能茁壯成長。雖然不太能適應盛夏，但比大衣蔬菜耐熱。冬天能夠忍受0℃左右的氣溫，甚至可以過冬，但是生長會停滯或變得緩慢。

主要原產地…地中海沿岸、溫帶地區
發芽適溫……15～20℃
生長適溫……10～25℃

上課中
不停妄想中…。
傻笑
傻笑
偷瞄
驚
4 怎麼種菜？
嗯——!!
妳、妳怎麼了？
老師!!
我有問題想問！
好的，請說吧。
我想種很多種蔬菜，可是上課的這些內容，一定要全部記下來嗎？

不不不，別擔心！
只要記住基本栽種法的3個步驟就可以了。
3個步驟……!?
STEP1 移植幼苗（播撒種子）
STEP2 照顧
STEP3 採收
蔬菜本身已經有張「設計圖」了。
這樣就可以了。
微笑
微笑
喔喔——
也太簡單了吧……

從播種開始
小松菜
紅心蘿蔔
毛豆
從幼苗開始
看妳要……
從種薯或種球開始
就只差在這裡。
只要掌握上述這些大原則，就可以輕輕鬆鬆記住栽種蔬菜的方式喔。
原來如此——!!
我就是想太多腦袋才會一片混亂。
其實種菜就這麼簡單。

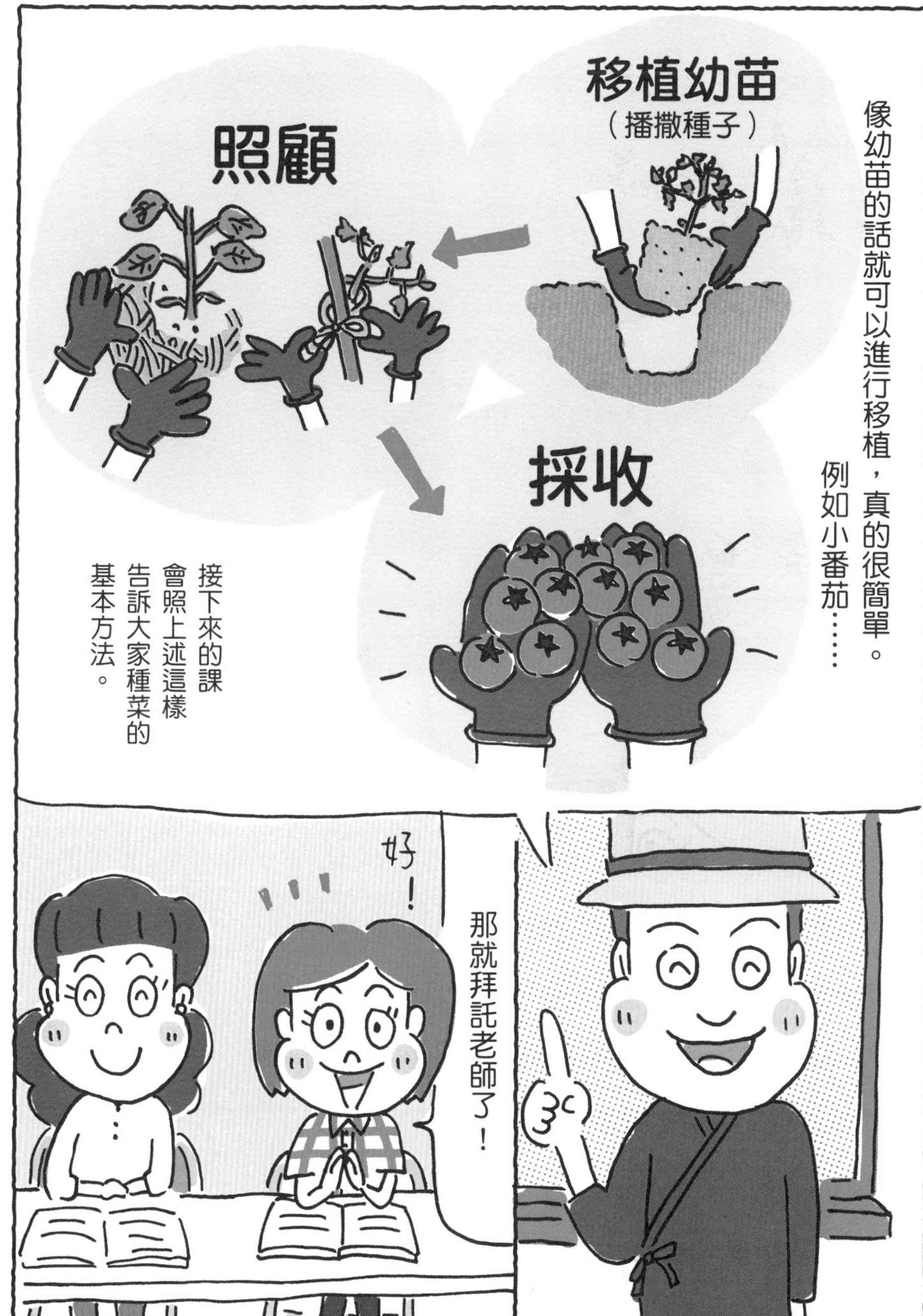
像幼苗的話就可以進行移植，真的很簡單。
例如小番茄……
移植幼苗
（播撒種子）
照顧
採收
接下來的課會照上述這樣告訴大家種菜的基本方法。
那就拜託老師了！
好！

3步驟〉天然菜園式種植蔬菜

步驟1　步驟2　步驟3

好多蔬菜都想種，可是每種蔬菜栽種的方式都不一樣，而且感覺菜圃好像還有很多事要做……。

不不不，蔬菜並不是全都要靠人力才種得出來。每種蔬菜都有自己的設計圖，只要把環境整頓好，它們就可以靠自己的力量生長。而我們在天然菜園裡要做的，就是整頓出一個能讓蔬菜發揮自身能力的完善環境，之後只要天天觀察並提供最基本的照顧就可以了。

種菜的基本原則非常簡單，只要配合蔬菜的生長階段來記就可以了。第一步是「**移植、播種**」，再來是透過「**照顧**」幫助蔬菜成長，最後則是等待「**採收**」。

接下來我們會介紹35種常見的蔬菜，並透過上述的3個步驟為大家整理出每個步驟要做的工作，以及需要注意的地方。雖然天天都去菜園有點困難，不過就算一週只去一次，照著這個方法一樣能夠有所收穫。

至於蔬菜的種類，本書是根據第一個步驟的共通點來進行分類。也就是移植幼苗、播撒種子，或是移植種薯（或種球）這3種。

從這裡開始

步驟1

移植、播種

解說幼苗、種子、作畦的準備，架設支架與移植幼苗的方法，播種與種植種薯的方法，以及事後的管理。

栽種的過程

步驟2

照顧

解說如何用草覆蓋土壤表面、澆水灌溉與追肥的方法，以及如何間拔疏苗與牽引。

終點

步驟3

採收

解說採收的方法、判斷收成時機的方法，以及如何保存各種不同種類的蔬菜。

讓我們按照順序來解說吧。

按照開始的方式來介紹蔬菜！

從幼苗開始栽種
最簡單！

從 移植幼苗 開始種植的蔬菜

從購買市售的幼苗，將其移植在菜圃裡開始。因為是從可以獨立生長的階段開始培育，所以栽培上很簡單。品種方面以常見的蔬菜為限。天然菜園要盡量使用已經長出子葉的幼苗。

- 小番茄、茄子、小黃瓜、獅子椒（青椒）、南瓜、西瓜、草莓等果菜類。
- 荷蘭紅葉萵苣、高麗菜、青花菜、白菜等較大型的葉菜類。

這是要一邊間拔疏苗，
一邊採收來吃的蔬菜。

從 播種 開始種植的蔬菜

直接把種子撒在菜園裡培育的方式。這類蔬菜的栽培期通常相對較短，有些是不喜歡移植的根莖類。種子價格大多相當便宜，而且種類繁多，容易挑到喜歡的蔬菜，但是需要間拔疏苗。

- 白蘿蔔、櫻桃蘿蔔、小蕪菁、胡蘿蔔等根莖類。
- 茼蒿、水菜、小松菜、菠菜等葉菜類。
- 毛豆、花生、四季豆、豇豆、豌豆等豆科蔬菜。

從 種薯或種球 開始種植的蔬菜

從種薯或種球開始培植的蔬菜。甘藷的話，有的可以進行扦插（插枝）繁殖。但不管是哪種方式，都是使用親本栽種，所以本質不會變，品質也比較穩定。由於種薯和種球是「活」的，因此在保管和管理時要多加留意。

- 以大蒜、洋蔥、蔥等種球栽培的蔬菜。
- 使用馬鈴薯、里芋、薑等種薯栽培的蔬菜。
- 甘藷等可以插枝的蔬菜。

步驟 1

移植幼苗或播撒種子

如何移植幼苗

加強根系生長

栽培通常是從播種、移植幼苗或種薯開始。較為簡單又確實的方法，就是從幼苗開始種起。如果能購買到健康有活力的幼苗，好好移植在菜圃裡的話，之後幼苗就會根據本身的設計圖慢慢成長。

有一個詞叫做「苗半作」，意指幼苗如果長得好，種起菜來就會事半功倍。但是移植對幼苗來說，意味著環境會出現巨大變化。因為原本種在育苗軟盆的幼苗要離開保護它的地方，到菜圃這個不同的環境自立更生。

幼苗移植到菜圃之後，要協助它們早點在菜園裡扎根，並靠己力順利成長。

確認一下這裡！如何挑選好的幼苗

有子葉

這是年輕幼苗不斷成長的證據。子葉裡充滿了從發芽到長出數片本葉時所需的養分。如果子葉枯萎就代表營養已經耗盡，開始老化。

健壯飽滿

這是幼苗受到呵護，茁壯成長的證據。只要日照不足、過度灌溉或施肥，也就是栽培條件失衡，就會種出莖葉纖弱的幼苗，同時也會不耐病蟲害或環境變化。

白色根部整個伸展開來

最好從育苗軟盆中取出根團，檢查根部。有時從軟盆底部的孔洞也能看得一清二楚。年輕有活力的幼苗根部通常呈白色，而且會整個伸展開來。若是根系緊密纏繞就代表植株已經開始老化，此時根部通常會呈褐色。

若是年輕的白色根系，移植到菜圃之後很快就會長出新的根部。

例：小番茄

健壯的幼苗

- 有子葉
- 莖葉健壯飽滿
- 根部生長迅速，呈白色

孱弱的幼苗

- 莖葉瘦長
- 根部纏繞，緊密曲折
- 帶有花朵及果實

移植的方法：以高麗菜為例

1. 讓幼苗吸收酒醋液

移植要在溫暖的午後進行。移植之前的1～3個小時（上午）先將幼苗連同軟盆浸泡在盛入酒醋液（參照P.49）的容器中，使其充分吸收水分。

底部浸泡的高度為3～4cm

由於移植後的3天不澆水，
一定要在這個階段讓幼苗吸飽水！
但是不可以浸泡太久。

2. 挖好植穴

用移植鏝在菜畦裡挖出一個可以將整株幼苗的根團放進去的植穴。先連同軟盆把幼苗放入植穴中，調整大小。

3. 移植幼苗

取出幼苗，把根團移到植穴中定植。要讓部分根團緊貼在植穴的牆面上，之後再用挖出來的土填滿縫隙。

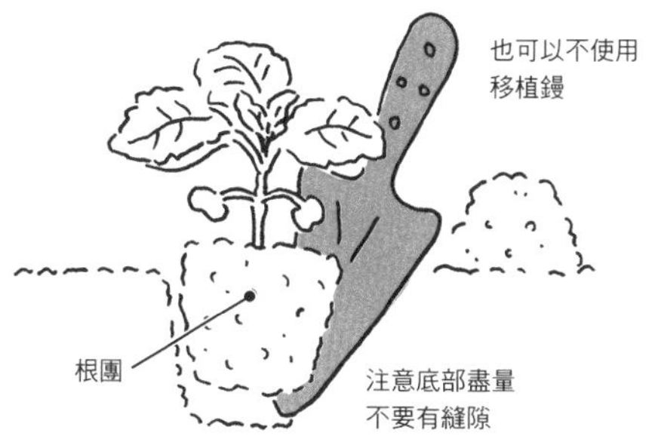

4. 用力壓入土中

把周圍的土覆蓋在根團上方，再用手壓緊壓實。3天內不需澆水，讓根慢慢伸展，自行尋找水分，以培養強壯的根系。

根部不需用草覆蓋　　把割下的草覆蓋在植株周圍

採取無農藥栽培法時，
最好選擇適應力強的幼苗來移植，
這樣才會快速適應菜圃的環境。

步驟 1

移植幼苗或播撒種子

如何播種

撒種方式不同，生長情況也會跟著改變

直接從種子開始培育的葉菜類與根莖類的種子價格大多較便宜，而且市售的種子包裝袋中，種子的數量還不少。但最常見的失敗就是覺得這些種子不用白不用，結果密密麻麻撒了一堆。然而播種時，讓種子保持適當的間隔其實很重要。

有些種子發了芽，有些則沒動靜，發芽的時間經常會零零落落。之所以會出現這種情況，原因通常是出在「蓋土」或是「鎮壓」。蓋土的時候，原則上要使用比種子厚2倍的土，再用手掌或木板壓緊壓實，讓土壤與種子密合。沒有確實做好蓋土與鎮壓，往往會影響發芽和其後的生長情況，而且差異會比想像中還要大。

1. 挖出植溝

用鋸鐮刀割下長出來的草，在土壤表面挖出一條植溝。

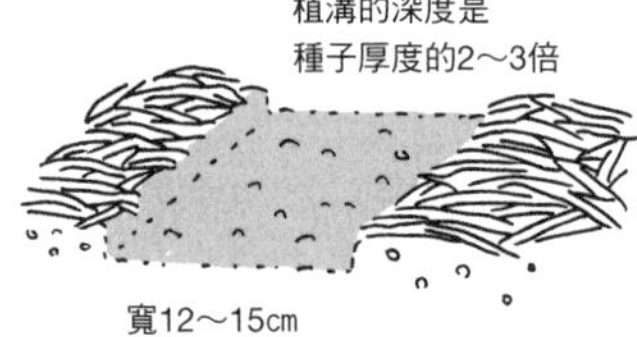

2. 將表面整平

如果植溝凹凸不平的話，發芽狀況就會不均勻，因此要用木板壓實整平。

3. 播撒種子

將種子撒在植溝的方法有2種，一種是呈條狀播撒種子的「條播」，另一種是平均播撒種子的「撒播」。下方的插圖是撒播。

●撒播
以撒落的方式等距下種，之後再來移動或追加種子，調整間距。

●條播
在植溝中等距播撒一排或數排種子。

4. 蓋土

將土壤覆蓋在上方，厚度是種子的2倍。

用手搓散土壤之後撒下，這樣比較不會結塊。

5. 壓緊壓實

用木板壓緊土壤。

之後將割下的草鋪在上面。到發芽為止都不需澆水。

步驟 1

移植幼苗或播撒種子

如何架設支架

種菜之前要先把支架牢牢地架設起來

有些蔬菜會長得很高，有時則會因為果實的重量與風的影響而使莖幹傾斜，甚至讓整個植株倒伏。如果要支撐蔬菜，使其穩定成長，就必須架設支架。像小黃瓜或爬藤四季豆這些要靠藤蔓攀爬的蔬菜絕對不能沒有支架。只要植株穩定，生長就會更加順利，產量也會跟著增加。

在天然菜園中架設的支架分為「單支柱型」及「四柱梯皮型」這2種。移植幼苗或播種之前一定要先架好支架。要是等到蔬菜的根部伸展之後再架設的話，極有可能會傷到根部。只要蔬菜開始長大，每一次都要將主枝牽引到支柱上，並用麻繩好好固定（參照第77頁）。

單支柱型支架

將園藝支柱垂直插入土裡，深度大約為20～30㎝。適用於茄子、獅子椒和辣椒等。

四柱梯皮型支架

「梯皮」是美國印地安人的帳篷式居所。四柱梯皮型支架就是模仿這種帳篷，將4根支柱交叉靠在中心架設的支架。適用於番茄、小黃瓜與爬藤四季豆等。

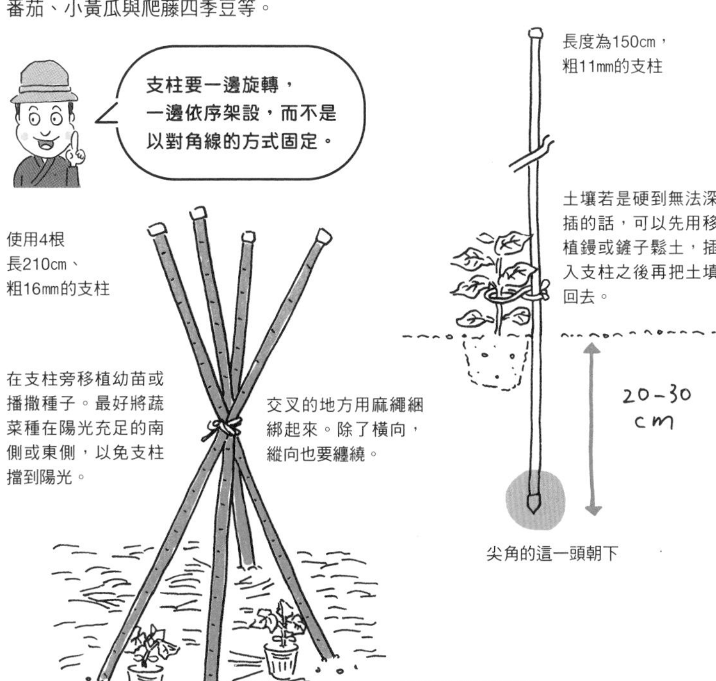

支柱要一邊旋轉，一邊依序架設，而不是以對角線的方式固定。
使用4根長210㎝、粗16㎜的支柱
在支柱旁移植幼苗或播撒種子。最好將蔬菜種在陽光充足的南側或東側，以免支柱擋到陽光。
交叉的地方用麻繩綑綁起來。除了橫向，縱向也要纏繞。
每根支柱要相距1m遠，插入地面時深度約20～30㎝。
長度為150㎝，粗11㎜的支柱
土壤若是硬到無法深插的話，可以先用移植鏝或鏟子鬆土，插入支柱之後再把土填回去。
20-30 cm
尖角的這一頭朝下

步驟 2

照顧蔬菜

移植幼苗、播撒種子之後，只要蔬菜開始扎根，就要根據情況好好「照顧」。這個階段主要的田地工作有「用草覆蓋」、「追肥」和「澆水」。如果植株較高，就要再加上「牽引」這項工作。

天然菜園的基本原則就是好好照顧蔬菜，使其發揮原有的力量生長。因此在菜圃時要好好留意菜葉的顏色、形狀與生長的方向。同時別忘記觀察周圍的環境，看看雜草的生長速度會不會太快。

最基本的照顧工作就是用草覆蓋。這個部分可參考第18～23頁的解說定期進行，好讓蔬菜能夠茁壯生長。

用草覆蓋

基本的照顧工作

在覆蓋土壤的草上撒施追肥

追肥通常都是撒施在覆蓋土壤的草上。菜葉舒展開來之後，正下方外圍15㎝內的草都要割下來鋪上。割草覆蓋的方法請參照P.22～23。

新割下來的草直接鋪在上面

之前割下來鋪在上面的草就算枯萎也不用移除。土壤若是露出來，就再割草鋪上。

冬草要從蔬菜的生長情況來判斷

從冬季到春季生長的「冬草」，例如繁縷或寶蓋草等植物通常會覆蓋地表，如果不會威脅到正在成長的蔬菜，那就保持原狀。

夏草要每週確認一次

升馬唐、狗尾草等「夏草」的生命力旺盛，一週內就會茂密生長，因此蔬菜根部伸展的15㎝處若有雜草，就要割下來鋪在土上。

追肥

支援在背後幫助蔬菜成長的生物

追肥所使用的是，將米糠和油渣以相同比例調配而成的混合物。撒施時機和間隔會因蔬菜的種類、狀況及時期而有所不同，關於這個部分可以參閱第80頁以後每種蔬菜的說明。

進行追肥可以讓覆蓋在土上的草加速發酵與分解，使微生物與土壤生物更加活躍。如此一來土壤就會變得更肥沃，有助於蔬菜成長。

追肥時撒施有機發酵肥料（參照第52～53頁），蔬菜就會迅速吸收並顯現效果，因此可以根據需求區分使用。

若是栽培期較短的葉菜類，或是在貧瘠的土壤也能好好成長的毛豆及花生等作物，則不需要追肥。

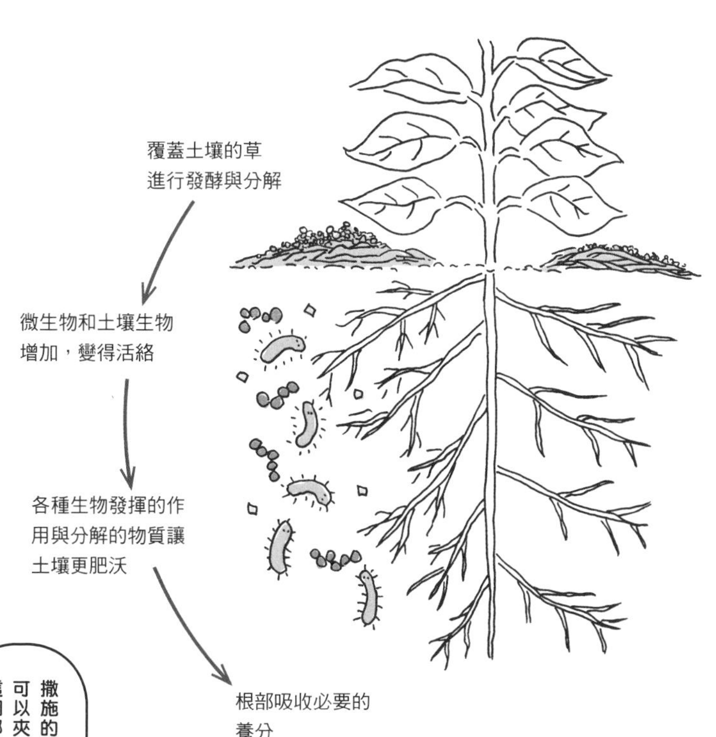

澆水

利用傍晚的人工雷陣雨讓蔬菜甦醒

雨若能適時適度地下，土壤也能保持適當的濕度時，就不需要澆水。不過近年來高溫與乾燥的情況越來越普遍，使得灌溉次數也跟著增加。

天然菜園基本上是使用酒醋液（參照第49頁）來澆水灌溉，因為裡頭含有一些有助於植物生長的礦物質和有機酸等成分，可以幫助蔬菜成長。

原則上一週澆水一次，而且要和午後雷陣雨一樣，在傍晚時分從蔬菜上方均勻灌溉。炎熱的白天時段若要澆水的話，只能在植物根部灌溉。因為水灑在葉子上時若是遇到強烈的陽光，水珠就會變成放大鏡，這樣反而會讓菜葉曬傷。

夏季的白天實在太熱了〜〜

原來時段不一樣，澆水方式也要跟著改變！

傍晚時分整個蔬菜都要灌溉

像午後雷陣雨般，從植株上方灌溉大量的水。這就是春天到秋天的基本澆水方式。

澆水器的花灑頭要朝上

酒醋液。將酒醋原液用水稀釋成1000倍之後再使用（參照P.49）。

用從葉片滴落的水珠來滋潤根部

白天只在根部澆水

用澆水器在覆蓋土壤的草上灑水。用來覆蓋的草可以讓土壤保持濕潤。這種灌溉方式適合在只能白天去菜園時使用。

水盡量不要淋到葉子。花灑頭也可朝下灌溉
酒醋液

冬天到初春要在白天澆水灌溉

寒冷季節的傍晚到早晨，水很容易結冰，盡量不要在這段時間澆水。如果不下雨，就在溫暖的白天從植株上方灌溉大量的水。2〜3週灌溉一次即可。

步驟 2

照顧蔬菜

牽引

若不隨風搖曳，蔬菜會長得更好

只要用麻繩把主幹固定在支柱上，就可以讓蔬菜的莖幹和藤蔓順利伸展，整理植株的形狀。這麼做不僅可以避免莖葉因風吹而折斷，還能防止果實因為摩擦而受損。

麻繩要牢牢地綑綁在支柱上，莖幹這一側則是要保留一些空間。固定點至少要有3處，這樣一來植株才會穩定，同時還要配合枝幹的高度，以20cm為間距來綁繩牽引。

進行牽引之後，只要植株不再搖擺，根系就會舒張開來，這樣不僅能充分吸收養分及水分，生長激素的流動也會更加順暢，進而增加產量。所以不要等到莖幹被風吹得東搖西擺才進行牽引，而是要在這之前及早處理，這樣才會見效。

麻繩的套法

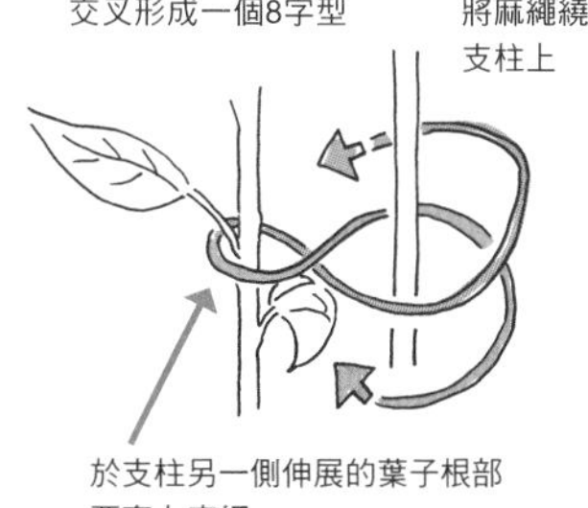

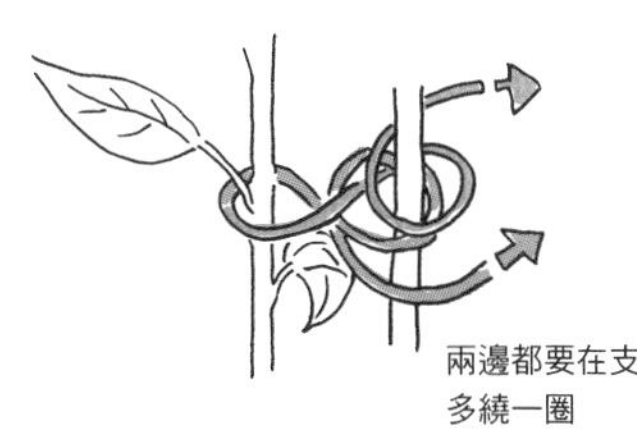

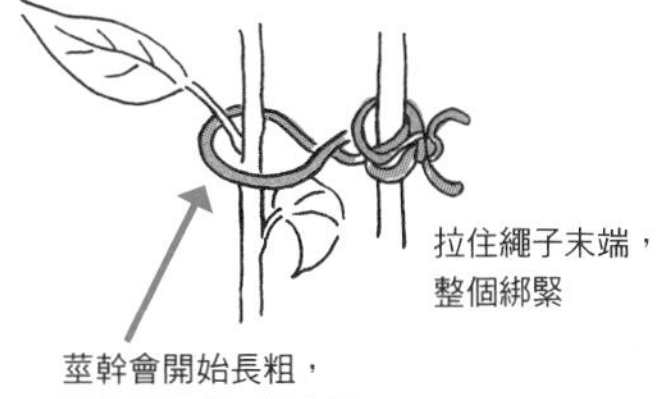

不會東搖西擺的牽引方法

例：獅子椒

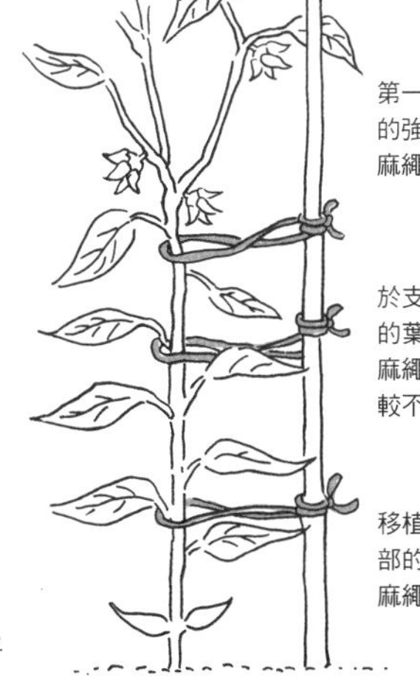

步驟 3

採收蔬菜

大家最常犯的錯，就是錯過採收時期。在等待作物長大的過程當中，不是番茄果實裂開、小松菜葉子變硬、成大黃瓜，就是小黃瓜變白蘿蔔根部出現裂縫，結果錯失了蔬菜最美味的時刻。不僅如此，像番茄、茄子、小黃瓜等果菜類若是一味追求碩大果實，反而會讓植株消耗過多體力而使生長氣勢受到影響。反過來說，早期採收不僅可以減輕蔬菜的負擔，下一輪的果實也會比較容易結果，進而增加產量。

小松菜等作物要從碩大的植株開始採收。間拔疏苗也是一樣，留下來的作物會越長越大。因此要將收成視為照顧的一環，多多採收。

收成的方法

要盡早採收

（果菜類）

小番茄要從變紅的果實開始摘採

成串的小番茄會從靠近根部的果實開始變紅。不需要等到整串的小番茄成熟，只要顏色變紅就可以採收。

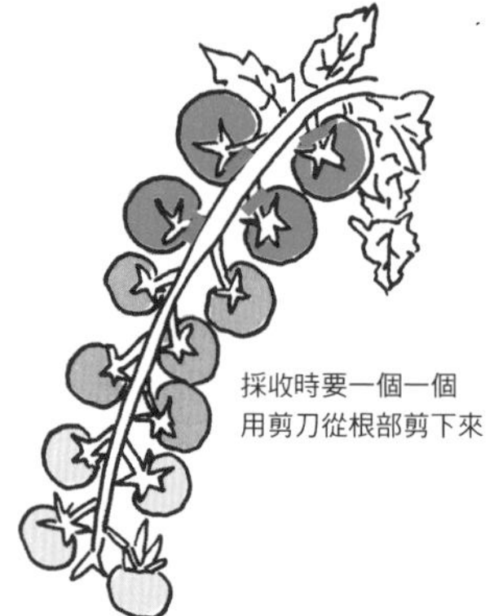

用剪刀剪下

茄子的第一個果實長到拇指大就要採收

長出第一個果實時，植株還算幼小，因此要以培育為重點，等長到拇指大時就先採收。這樣不僅能減輕植株的負擔、促進成長，果實也會長得更多。之後的果實也要盡早採收。

獅子椒和青椒等作物的第一個果實，也是長到一般果實的一半大小，就可以採收喔！

光是第一個果實就足以讓人感動到痛哭流涕！

雖然希望它長大，但這時要先忍耐。

（葉菜類）

小松菜從長大的植株開始採收

要是等到所有植株都長得一樣大再來採收的話，先長大的小松菜反而會因為菜葉變硬而失去美味，因此要依序從已經長大的植株開始採收，讓剩下的小松菜慢慢地長大。水菜、菠菜、青江菜也是一樣。

中葉茼蒿要先採收頂端的菜葉，讓側芽增加

當植株長到20cm高時，根部保留5～10cm，摘下頂端的莖幹採收即可。長出側芽的時候也是一樣，靠近根部這一側的葉子留下1～2片，頂端的菜葉先摘。這樣就能一邊採收一邊繁殖側芽。

（根莖類）

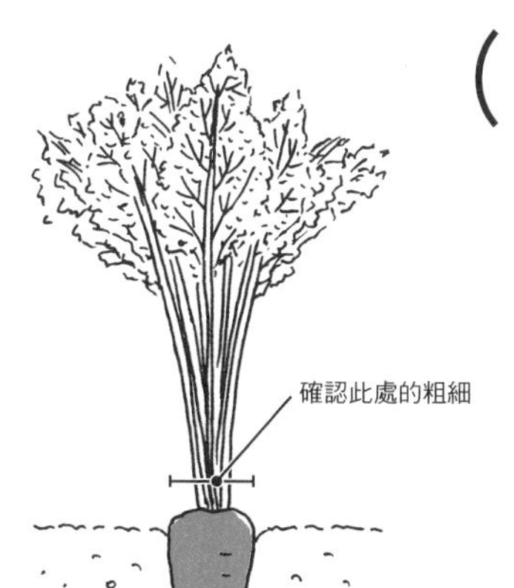

確認胡蘿蔔根部的粗細

根部有時會看不清楚。這時候可以用手指將土撥開，確認根部的粗細。只要直徑長到2～3cm就可以採收。注意別讓植株長得太粗，以免根部筆直裂開。

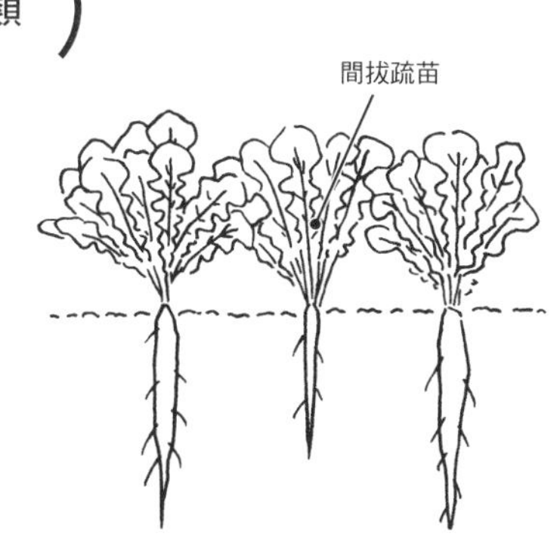

白蘿蔔需要間拔疏苗才會長大

在間拔較小的幼苗時，本葉為5～6片的植株間距要維持15～20cm。當長出8片本葉時，最後的株距要盡量保持30cm。就算是間拔的菜，一樣無損其美味。

小番茄

採收無數的甜美果實

番茄原產於安地斯高原。喜歡陽光，但不易適應悶熱的夏天。小番茄的野味比大番茄重，容易度過夏天，霜降之前都可以採收。與蔥一起栽種可以預防疾病，茁壯成長。

3月	4月	5月	6月	7月	8月	9月	10月	11月	12月

●移植 ●採收
※以日本關東以南的中間地為例

生長適溫

15～25℃
（白天25～28℃、夜晚10～15℃）

茄科
原產地●南美安地斯高原
共生植物●蔥、韭菜、羅勒、義大利荷蘭芹、毛豆、花生等

1 移植

使用4根支柱架設梯皮型支架。幼苗與蔥一起移植，再用麻繩牽引至梯皮型支架上。

與蔥一起栽種可以增強抵抗力，不易生病喔！

菜圃的準備工作

選擇一個日照充足、排水良好的地方。若是土壤貧瘠，就撒施成熟堆肥1～2ℓ與碳化稻殼1ℓ，進行耕地翻土。

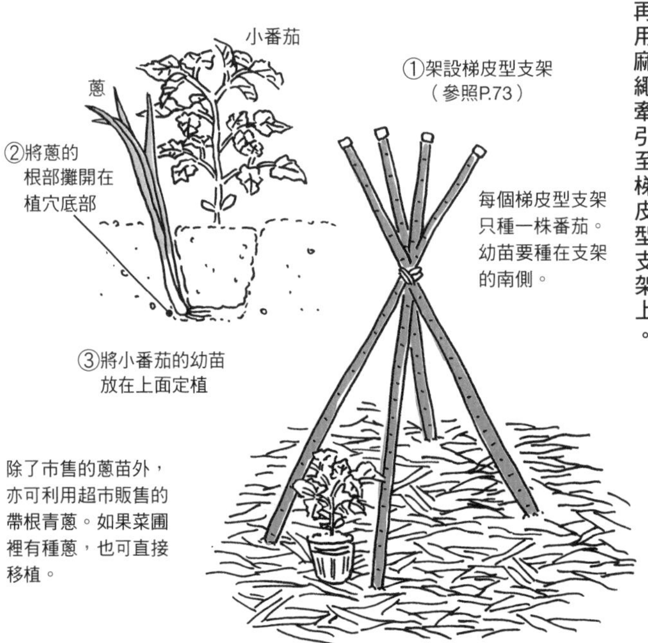

除了市售的蔥苗外，亦可利用超市販售的帶根青蔥。如果菜圃裡有種蔥，也可直接移植。

2 照顧 其1

生長初期要盡量讓植株的姿態定型。種小番茄時建議使用「四柱型支架」。

四柱型支架在管理上很輕鬆，不僅番茄會結實纍纍，滋味還很香甜喔！

以這種姿態的植株為目標吧

只要苗木一開始生長，莖幹和葉之間會長出新芽，稱為「側芽」，之後會分岔生長。當枝幹（莖幹）的數量達到4根（ⒶⒷⒸⒹ）時，就可以架設四柱型支架，輔助其生長。這樣就能維持生長氣勢，果實也會長得漂亮。側芽的管理方法請參照P.82。

用草覆蓋及追肥

番茄不喜雨水飛濺，同時也討厭極度乾燥。因此草長出來之後，要割下來覆蓋在上面協助保濕。只要一開始結果，每2～3週就要在周圍撒施以米糠和油渣調配而成的混合物進行追肥。

四柱型支架長這個樣子

伸長的莖幹用麻繩套在支柱上

Ⓓ：從Ⓑ分出的枝幹

Ⓒ：從Ⓐ分出的枝幹

第二朵花

Ⓐ：主幹

第一朵花（第一個果實）

Ⓑ：從Ⓐ分出的枝幹

Ⓑ以下的側芽全部都要摘除

撒施追肥時在植株周圍撒一圈即可

澆水時用Ca酒醋液大致灌溉即可

如果連續10天都沒有下雨，就在傍晚時分從植株上方簡單灌溉。如果番茄缺鈣，果實頂端就會非常容易腐壞，因此要用Ca酒醋液灌溉。

當Ⓐ的第一個花苞（第一朵花）出現時，從其正下方的葉子長出的側芽要保留下來，讓它生長（也就是Ⓑ），再往下的側芽則要摘除。
Ⓐ的下一個花苞（第二朵花）長出來之後，從其正下方的葉子長出的側芽會成為Ⓒ；而從Ⓑ的第一個花苞正下方的葉子長出的側芽會成為Ⓓ。

2

照顧 其2

當4條枝幹生長出來並展現基本的形狀之後，就要定期檢查枝幹，同時摘除側芽，進行牽引。

想摘採大量的紅色果實就要「摘除側芽」

從莖幹和葉子之間生長出來的芽稱為「側芽」。如果沒有摘除，就會長成新的枝幹並開出花朵。所以架設好四柱型支架之後，接下來就要每週檢查，用手摘除側芽。

喔～，原來側芽指的是這個？

早點摘除好像是對的。要是置之不理就會越長越長，這樣反而會造成混亂。

這就是側芽！

花苞正下方的側芽生長氣勢旺盛，而且容易長得很大。

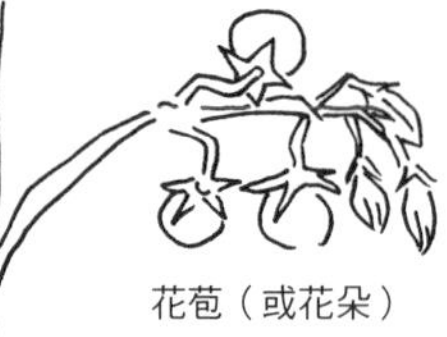

花苞（或花朵）

原來如此…❶

「側芽」主要是從枝幹（莖幹）和葉子之間長出來的！

這個也是側芽

原來如此…❷

側芽最後會成為枝幹，並且長出葉子，開出花朵。如果不摘除側芽，果實就會過多且很小顆，就連植株的生長氣勢也會變弱。

原來如此…❸

要趁側芽還小的時候摘除。用手扭一下就可以摘下來了。

3 採收

只要果實成熟變紅，就要盡快採收，這樣下一輪的果實才會長得好，產量也會增加。

不停採收

小番茄開花後，大約經過45天就可採收。只要果實變紅就盡量摘下來。即使果房末端的果實還是綠色，只要其他果實幾乎已經變紅，就可以整串採收下來。就算有些番茄還帶有一點綠色，採收後只要放個幾天就會變紅。

要是等到整串果房的果實都變紅再摘的話，會讓植株越來越疲憊。

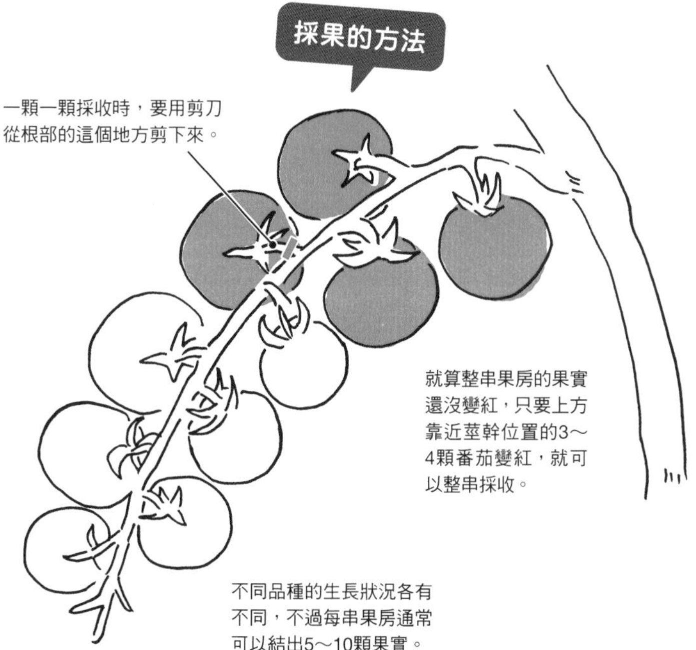

採果的方法
一顆一顆採收時，要用剪刀從根部的這個地方剪下來。
就算整串果房的果實還沒變紅，只要上方靠近莖幹位置的3～4顆番茄變紅，就可以整串採收。
不同品種的生長狀況各有不同，不過每串果房通常可以結出5～10顆果實。

Q 為什麼果實會裂開？

A 只要被雨淋或吸收太多水分，番茄就會突然膨脹，有時甚至還會裂果。加上番茄越熟就越容易裂開，只要果實變紅時及早採收，就能避免這種情況發生。

採收果實之後只要催熟，就可以採種（參照P.31）

茄子

可以持續採收到秋天的茄子

茄子原產於印度東部的熱帶季風氣候。在高溫多濕的環境也能茁壯成長，但不喜強風和低溫。最初以迷你茄的狀態採收，優先培育植株體格。只要順利度過夏天，就能持續採收美味的茄子直到秋天。

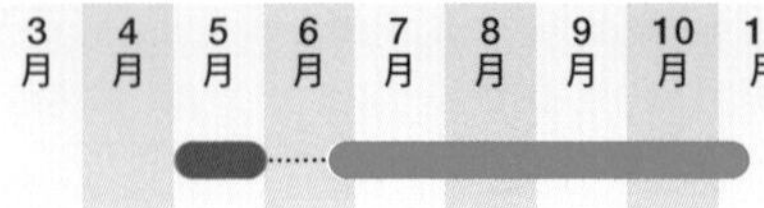

●移植 ●採收
※以日本關東以南的中間地為例

生長適溫

22～30℃
（17℃以下生長會變得緩慢）

茄科

原產地●印度東部的氾濫平原
共生植物●蔥、韭菜、毛豆、花生等

1 移植

移植前一個月先準備圓形高畦種蔥，為茄子打造一個容易生長的環境。因為蔥可以抑制土壤中的病原菌。

菜圃的準備工作

選擇一個日照充足的地方。若是土壤貧瘠，就撒施成熟堆肥2～3ℓ與碳化稻殼1ℓ，耕地翻土之後，再製作圓形高畦來種蔥。種了蔥的圓形高畦可讓土壤更肥沃。

只要多了這個小步驟就能讓土壤中的微生物變活躍，使茄子健康成長。

如何將蔥種在圓形高畦裡

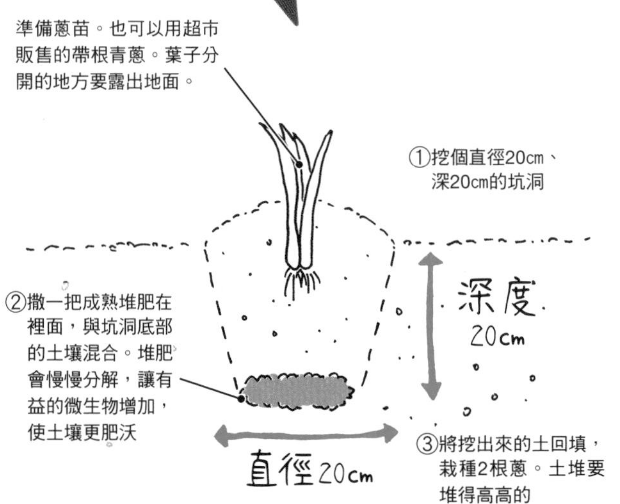

準備蔥苗。也可以用超市販售的帶根青蔥。葉子分開的地方要露出地面。
①挖個直徑20cm、深20cm的坑洞
②撒一把成熟堆肥在裡面，與坑洞底部的土壤混合。堆肥會慢慢分解，讓有益的微生物增加，使土壤更肥沃
深度20cm
直徑20cm
③將挖出來的土回填，栽種2根蔥。土堆要堆得高高的

棲息在蔥根的微生物可以消滅茄子的病原菌。

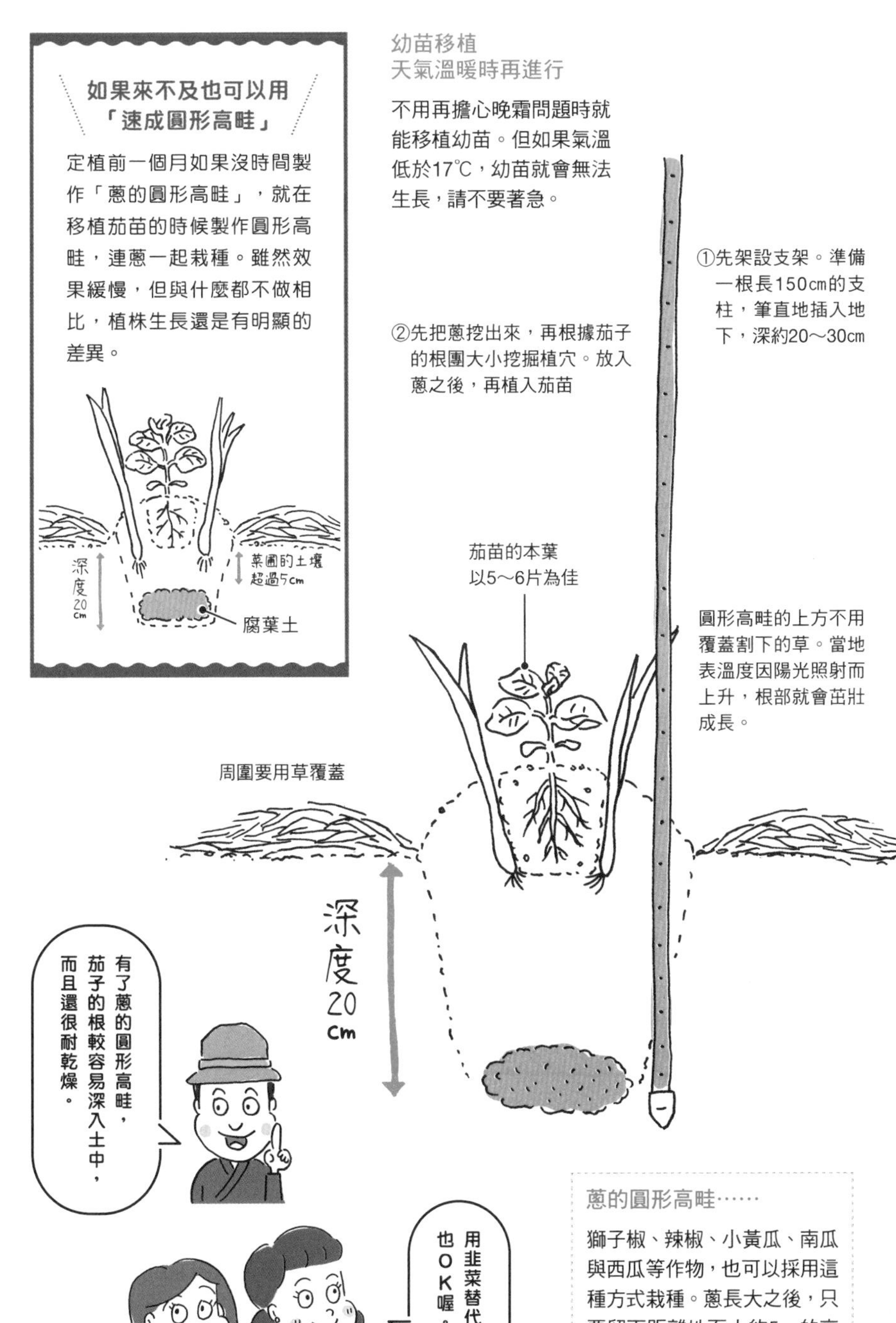
如果來不及也可以用
「速成圓形高畦」
定植前一個月如果沒時間製作「蔥的圓形高畦」，就在移植茄苗的時候製作圓形高畦，連蔥一起栽種。雖然效果緩慢，但與什麼都不做相比，植株生長還是有明顯的差異。
深度20cm
菜園的土壤超過5cm
腐葉土
幼苗移植
天氣溫暖時再進行
不用再擔心晚霜問題時就能移植幼苗。但如果氣溫低於17℃，幼苗就會無法生長，請不要著急。
①先架設支架。準備一根長150cm的支柱，筆直地插入地下，深約20～30cm
②先把蔥挖出來，再根據茄子的根團大小挖掘植穴。放入蔥之後，再植入茄苗
茄苗的本葉
以5～6片為佳
圓形高畦的上方不用覆蓋割下的草。當地表溫度因陽光照射而上升，根部就會茁壯成長。
周圍要用草覆蓋
深度20cm
有了蔥的圓形高畦，
茄子的根較容易深入土中，
而且還很耐乾燥。
用韭菜替代蔥
也OK喔。
蔥的圓形高畦……
獅子椒、辣椒、小黃瓜、南瓜與西瓜等作物，也可以採用這種方式栽種。蔥長大之後，只要留下距離地面大約5cm的高度，其餘割下採收即可。

茄子不耐風吹，因此每2週就要將其牽引至支柱一次，好讓植株固定。第一個果實要趁小摘取。

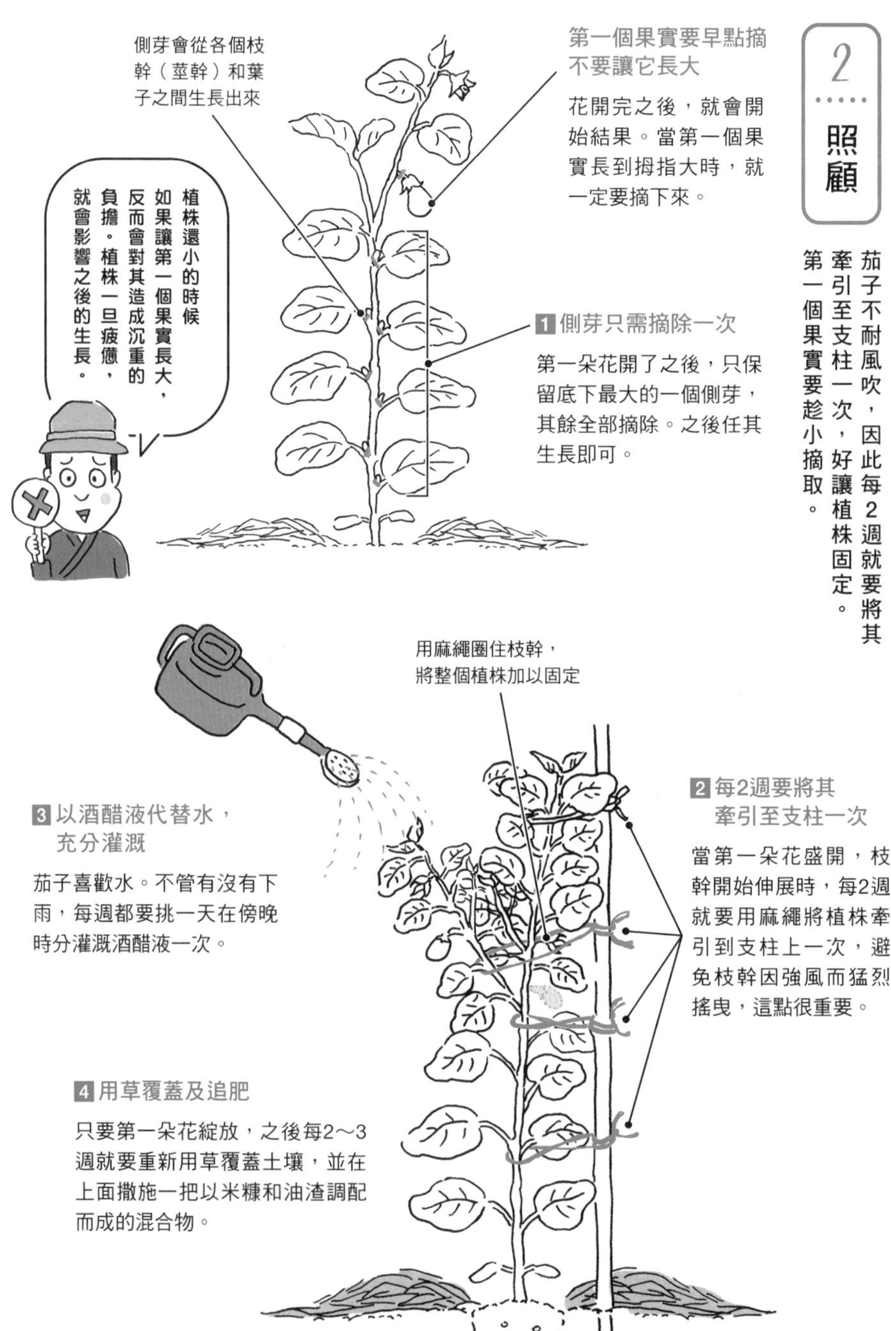

側芽會從各個枝幹（莖幹）和葉子之間生長出來
第一個果實要早點摘
不要讓它長大
花開完之後，就會開始結果。當第一個果實長到拇指大時，就一定要摘下來。
植株還小的時候如果讓第一個果實長大，反而會對其造成沉重的負擔。植株一旦疲憊，就會影響之後的生長。
1 側芽只需摘除一次
第一朵花開了之後，只保留底下最大的一個側芽，其餘全部摘除。之後任其生長即可。
用麻繩圈住枝幹，
將整個植株加以固定
2 每2週要將其
牽引至支柱一次
當第一朵花盛開，枝幹開始伸展時，每2週就要用麻繩將植株牽引到支柱上一次，避免枝幹因強風而猛烈搖曳，這點很重要。
3 以酒醋液代替水，
充分灌溉
茄子喜歡水。不管有沒有下雨，每週都要挑一天在傍晚時分灌溉酒醋液一次。
4 用草覆蓋及追肥
只要第一朵花綻放，之後每2～3週就要重新用草覆蓋土壤，並在上面撒施一把以米糠和油渣調配而成的混合物。

3 採收

越早採收果實，植株的負擔就會越輕，產量也會增加。只要健康成長，茄子就能一直採收到秋天。

茄子的果實是由品種來決定長度及形狀。只要不斷先採收小一點的果實，就能一直摘採食用。

勤於採收是重點

第一個果實採收之後，接下來大約一個月的時間（以7月中旬為標準），只要茄子長到普通尺寸的一半就可以採收。之後也要記得「勤於採收」。

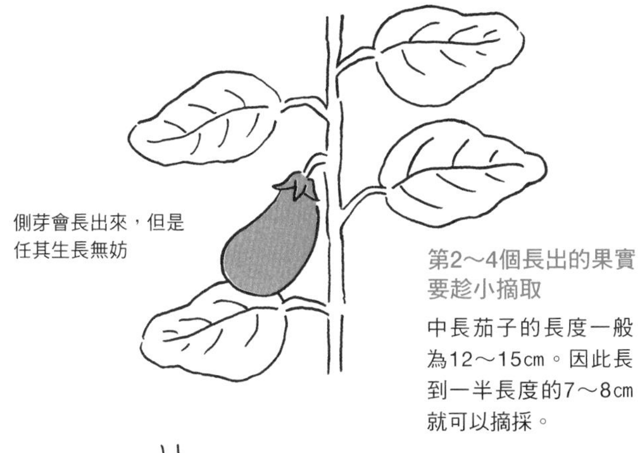

側芽會長出來，但是任其生長無妨

第2～4個長出的果實要趁小摘取

中長茄子的長度一般為12～15㎝。因此長到一半長度的7～8㎝就可以摘採。

第5個以後的果實長到一般大小再採收

茄子長到正常大小即可採收。但是一定要記得收成。

Q 要怎麼做茄子才能一直採收到秋天？

A 在持續高溫乾燥的盛夏季節不要讓植株感到疲憊。到了8月上旬，不管大小都要把果實和花朵剪下來，讓植株在暑假好好休息至少一週。酒醋液要每週施灑一次，追肥則是持續每2～3週補充一次，到了9月茄子就會重拾活力，再次結果。

只要植株健壯就能一直採收到秋末
獅子椒、辣椒

獅子椒和辣椒是青椒、甜椒的同類。帶有野味，栽培容易，而且耐病蟲害，霜降之前都能一直採收。味甜的辣椒滋味也不錯。栽種方式類似茄子，但較喜歡溫暖偏乾的氣候。

3月	4月	5月	6月	7月	8月	9月	10月	11月

●移植 ●採收

※以日本關東以南的中間地為例

生長適溫

25～30℃

茄科

原產地●中南美洲的熱帶地區

共生植物●蔥、韭菜、羅勒、義大利荷蘭芹、矮性菜豆、花生等

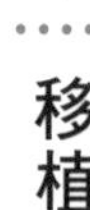

1 移植

移植前一個月先準備圓形高畦種蔥，整頓菜園環境。

菜圃的準備工作

選擇一個日照充足的地方。若是土壤貧瘠，就撒施成熟堆肥1～2ℓ與碳化稻殼1ℓ，耕地翻土之後，再製作圓形高畦來種蔥（參照P.84）。

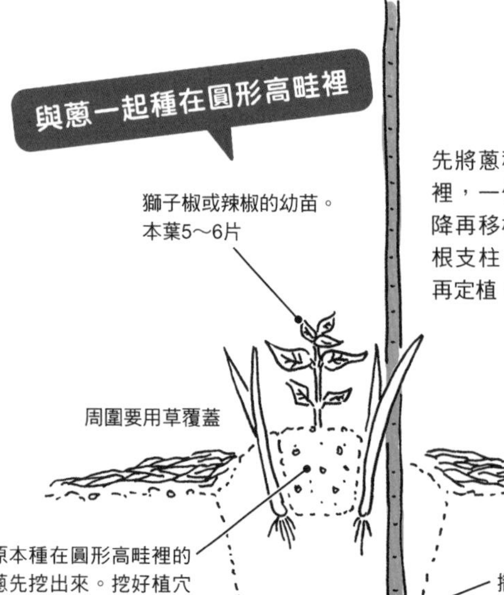

2 照顧

摘除側芽與牽引方式和茄子一樣。澆水、用草覆蓋與追肥方式請參考小番茄的方法。

1 花開了之後摘除側芽

第一朵花開了之後，只保留底下最大的一個側芽並將其餘摘除。

2 第一個果實要盡快採收

第一個果實不要讓它長大，要在長到小指大之前摘除，減輕植株的負擔，使其順利成長。

3 每2～3週將植株牽引至支柱一次

當枝幹開始伸展時，就要用麻繩將其牽引到支柱上，每2～3週進行一次。

澆水時用Ca酒醋液大致灌溉即可

若連續10天都沒有下雨，就在傍晚時分從植株上方簡單灌溉。獅子椒、辣椒喜歡鈣質，因此要用Ca酒醋液來澆水。

用草覆蓋及追肥

只要草長出來，就割下來覆蓋在上面。只要一開始結果，就要在周圍撒施以米糠和油渣調配而成的混合物進行追肥，每2～3週一次即可。

---

3 採收

不要硬讓果實長大，要趁小且美味的時候不停採收，增加產量。

只要越早摘取就會長得越好

摘下第一個果實後，接下來一個月要採收迷你果實，促進下一輪的生長。

辣椒中也有不辣的品種，例如「伏見甘長」或是「萬願寺辣椒」，可用來代替青椒拿來炒菜。
青椒的難度較高，等熟悉怎麼栽培獅子椒之後，再來種種看！

用剪刀剪掉果柄

辣椒在夏天不易變紅。可趁綠色的時候摘採，用來炒菜或醋漬。

小黃瓜、苦瓜

口感水潤，風味絕佳

這2種作物都很喜歡水，基本栽培方式也一樣。但小黃瓜不耐盛夏的炎熱，苦瓜則是耐高溫，氣候偏乾也能忍受，可根據時期和種植地點來選擇。若能架設2個梯皮型支架，就能同時栽種這2種作物。

3月	4月	5月	6月	7月	8月	9月	10月	11月

●移植 ●採收

※以日本關東以南的中間地為例

生長適溫

白天 25～28℃
夜晚 13～16℃
（夜晚炎熱則生長遲緩）

小黃瓜

葫蘆科

原產地●印度西北部、喜馬拉雅山

共生植物●蔥、櫻桃蘿蔔等

生長適溫

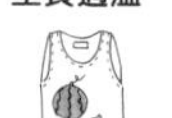

20～28℃
（超過30℃也能夠忍受）

苦瓜

葫蘆科

原產地●熱帶亞洲

共生植物●同上

菜圃的準備工作

選擇一個日照充足的地方。若是土壤貧瘠，就先耕地翻土，之後再製作圓形高畦種蔥（參照P.84）。

1 移植

一個月前先準備圓形高畦種蔥。將幼苗與蔥一起定植之後，再覆蓋大量割下來的草。

在種蔥的圓形高畦旁架設梯皮型支架

先將蔥種在圓形高畦裡，一個月之後不見霜降再移植。可以先做好梯皮型支架（參照P.73）。

麻繩以之字型纏繞在梯皮型支架上，讓藤蔓順勢攀爬。

麻繩

株距至少要50cm。如果是梯皮型支架，可以在4根支柱的對角線上種植2株。相同品種的作物至少要栽種2株，這樣才會容易結果。

移植小黃瓜或是苦瓜的幼苗時，上面必須有3～4片本葉。用麻繩把藤蔓固定在支柱上。

蔥

小黃瓜不喜歡乾燥，所以周圍要覆蓋大量的草。

蔥的圓形高畦作法及幼苗的移植方式與茄子（P.84）相同。

2 照顧

藤蔓開始伸長時，每週都要將其牽引到支柱上。此外，每週傍晚還要灌溉大量的酒醋液。

開花之後摘除側芽

第一朵綻放的花要摘下來，同時第5片本葉以下的側芽與花芽也要全部摘除。只要延遲結果的時間，植株就會更加健壯，生長氣勢也會越來越旺盛。

小黃瓜根系淺，不喜乾燥，所以要用草覆蓋土壤，灌溉足夠的水！
第5片本葉以後的側芽和花芽都要摘除。
之後每週都要將藤蔓牽引到支柱上。
第一朵花要摘下來
第5片本葉
這些側芽和花芽都要摘除

用草覆蓋及追肥

覆蓋大量的草，讓土壤保持濕潤。抓一把以米糠和油渣調配而成的混合物，四處撒施於覆蓋在上面的草。每2～3週進行一次即可。

每週挑一天在傍晚灌溉一次

不管有沒有下雨，都要在傍晚幫植株灌溉大量的酒醋液，一週一次即可。這麼做還能預防病蟲害。

---

3 採收

不讓果實長太大是延長作物生命的訣竅。剛開始的2週就陸續摘採迷你果實吧。

前2週只要果實長到10㎝即可採收，之後長到一般大小就能收成。要是忘記採收讓小黃瓜變巨無霸會削弱生長氣勢，因此要趁早採收。

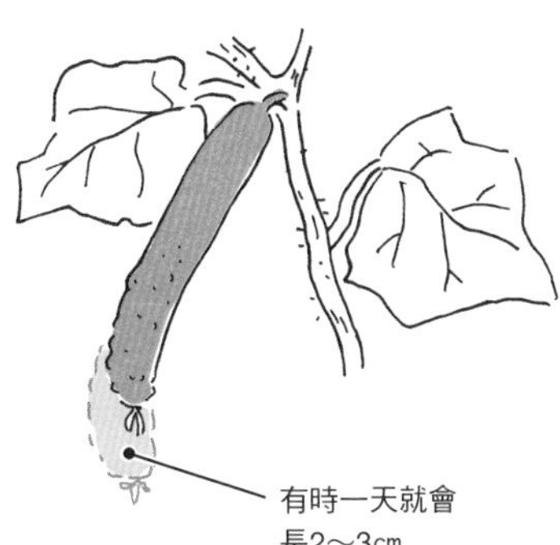

苦瓜要摘心

苦瓜的栽培方法基本上和小黃瓜一樣，但要記得摘心。只要摘心就能刺激側芽的生長氣勢，加快結果的時間，增加產量。

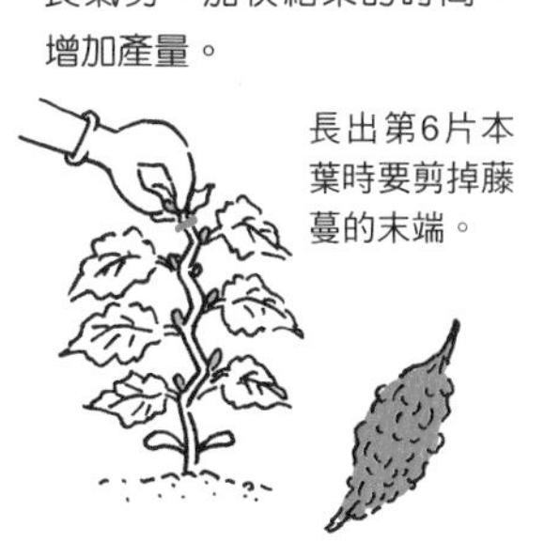

長出第6片本葉時要剪掉藤蔓的末端。

不費心思且容易栽種 南瓜、櫛瓜

口感綿密的日本南瓜性耐暑熱，相當好種。口感鬆軟的西洋南瓜與櫛瓜則較不耐熱，因此栽種時不要錯過最佳時機。這些作物只要和蔥一起栽種在圓形高畦裡，再用草覆蓋菜畦，之後任其生長即可。

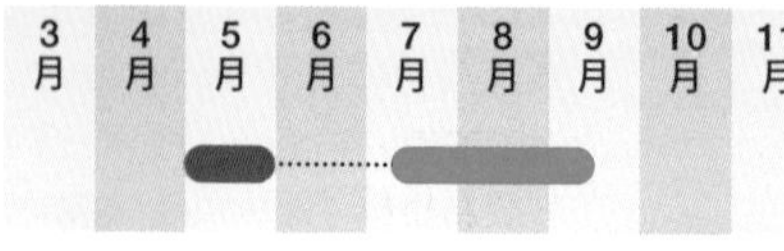

●移植 ●採收
※以日本關東以南的中間地為例

採收期因品種而異

生長適溫

日本南瓜
25～30℃

西洋南瓜與櫛瓜
17～20℃

葫蘆科

原產地●中美洲至北美洲

共生植物●蔥、玉米、毛豆、秋葵、櫻桃蘿蔔等

1 移植

移植前一個月先準備圓形高畦種蔥。定植後要立刻覆蓋一層滿滿的草。

菜圃的準備工作

南瓜藤蔓的伸展範圍廣，因此需要大面積的空間。栽種時要選擇日照充足、排水良好的地方。就算土壤較貧瘠，也能茁壯成長。

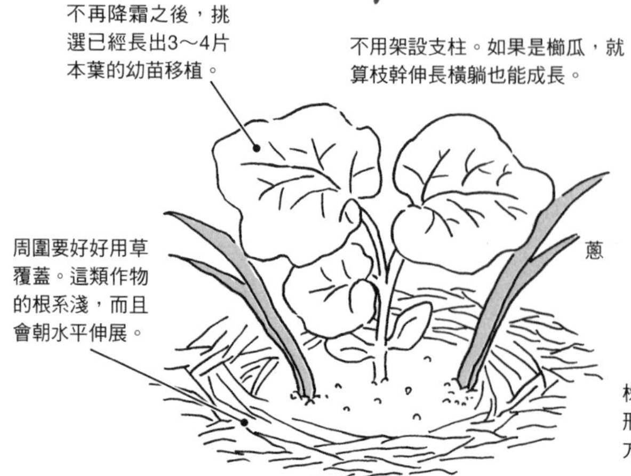

種蔥的圓形高畦旁不需架設支柱
不再降霜之後，挑選已經長出3～4片本葉的幼苗移植。
不用架設支柱。如果是櫛瓜，就算枝幹伸長橫躺也能成長。
周圍要好好用草覆蓋。這類作物的根系淺，而且會朝水平伸展。
蔥

株距至少要80cm。蔥的圓形高畦作法及幼苗的移植方式與茄子（P.84）相同。

2 照顧

藤蔓生長的速度非常快，因此要提前割下伸展範圍前方的草，在菜畦上厚厚地鋪滿一層。

剛開始要割下整個菜畦的草厚厚地覆蓋在上面。
也可把其他地方的草拿過來鋪喔！
不需要摘芽。
藤蔓可任其生長

藤蔓前方30cm內的草都要割下來覆蓋

藤蔓在一週內可以長到30cm左右。這類作物的根系淺，而且伸展範圍廣。因此藤蔓前方30cm內的草都要割下來，並直接覆蓋在土壤上。

灌溉要用酒醋液

如果不下雨，每隔10天就要為植株灌溉大量的酒醋液。

追肥一次就好

日本南瓜與西洋南瓜在生長初期要追肥一次，至於櫛瓜則是每隔2～3週就要撒施一次。抓一把以米糠和油渣調配而成的混合物，四處撒施於覆蓋在上面的草。

---

3 採收

種類不同，判斷採收的方法也會跟著改變。要享用美味的南瓜，收成後要擺放一段時間催熟。

櫛瓜要採收未成熟的果實

長到跟市售櫛瓜一樣大就可採收，稍小也沒關係。放到隔週會長得很大，植株也會疲憊。

莖幹若是伸長，就使其平躺培育。

如何判斷採收時機

當西洋南瓜的果柄變成軟木塞狀時即可採收，之後再放一個月催熟會更好吃。

日本南瓜的表面如果出現一層白色粉末就可以採收。只要適時採果就會接連長出果實。但催熟時間不要太久，放置2週後即可食用。

以8月的盂蘭盆節為採收標準
西瓜、香瓜

西瓜的原產地是非洲的大草原到沙漠地帶。雖然耐高溫及乾燥，但生長初期卻需要充足的水分。天暖之後再移植，盂蘭盆節左右即可採收。香瓜方面，建議選擇與美濃瓜同類的作物，比較容易栽培。

3月	4月	5月	6月	7月	8月	9月	10月	11月
		●移植	………	………	●採收			

●移植 ●採收
※以日本關東以南的中間地為例

採收期因品種而異

生長適溫

28～30℃

西瓜
葫蘆科
原產地●熱帶非洲
共生植物●蔥等

香瓜
葫蘆科
原產地●東非、中近東
共生植物●蔥等

1 移植

移植前一個月先準備圓形高畦種蔥。定植後先覆蓋一層草，再撒上米糠施肥。

菜圃的準備工作

選擇一個日照充足、排水良好的地方。若是土壤貧瘠，就先耕地翻土，之後再製作圓形高畦種蔥（參照P.84）。

在圓形高畦裡種蔥，撒米糠施肥

同品種的作物至少要栽種2株，比較容易結果。株距超過50㎝。不用架設支柱。

不再降霜之後，挑選已經長出3～4片本葉的幼苗移植。

割下周圍的草覆蓋之後，再從上面撒施一把米糠。

蔥

蔥的圓形高畦作法及幼苗的移植方式與茄子（P.84）相同。

撒米糠是為了讓果實更甘甜。
但不要撒油渣喔！

2 照顧

基本上與南瓜相同。藤蔓伸展範圍前方的草要先割下，覆蓋在根部周圍。

割下的草要厚厚地覆蓋在植株根部周圍

藤蔓前方30cm內的草要割除。西瓜的根系會深入地下，較少橫向生長，因此割下的草只要厚厚地覆蓋在植株根部周圍就OK了。香瓜和南瓜一樣，整個菜畦都要覆蓋一層厚厚的草。

灌溉要用酒醋液

如果不下雨，每隔10天就要為植株灌溉大量的酒醋液。不需追肥。

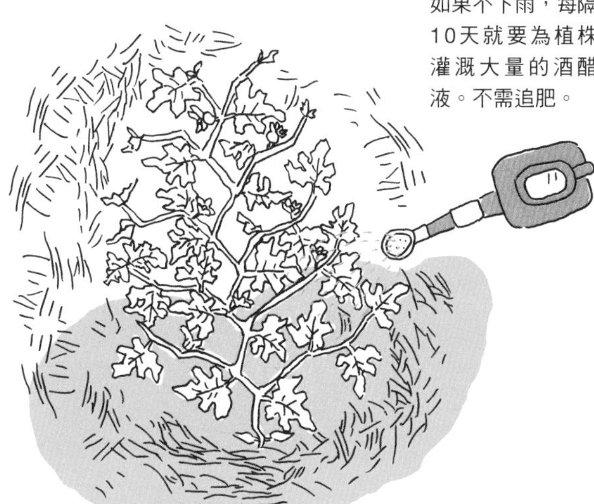

不需要摘芽。西瓜的蔓藤可以任其生長。

---

3 採收

太早採收的話，果實會不甜，這樣反而白做工。要盡量等到捲鬚乾枯了再採收。

如何判斷採收時機

果柄附近的捲鬚乾枯之後，就是最佳的採收時期。

當果實長得跟棒球一樣大時，可以套上一層網袋，即可避免被鳥啄食。

香瓜要摘心

最初伸長的藤蔓（母蔓）不易結果，所以當本葉長出7～8片時，要剪掉藤蔓的末端（摘心）好讓新的藤蔓生長。當果實散發出甜美的蜜瓜香氣時就可以採收了。

草莓

摘採滋味甘甜、香味濃郁的果實

在涼爽的氣候下能夠茁壯成長，但不耐炎熱的夏天。往往讓人聯想到聖誕節的草莓通常都是在10月移植，隔年5～6月收成。具有抗病能力的「寶交早生」與「章姬」等傳統品種比較好栽種。

10月	11月	12月	1月	2月	3月	4月	5月	6月	7月	8月	9月

●移植 ●採收
※以日本關東以南的中間地為例

生長適溫

17～20℃

薔薇科
原產地●南北美洲及歐洲等
共生植物●大蒜、蔥、琉璃苣等

1 移植

10月取得幼苗即可移植。以淺植方式健全培育，並為過冬做好準備。

菜圃的準備工作

選擇一個日照充足、排水良好的地方。若是土壤貧瘠，就先耕地翻土再進行移植。

進行淺植並保持排水順暢，抗病能力會更強喔！

菜畦做好土堆再移植

①進行淺植時，根團表面要稍微露出菜畦

②把周圍的土堆起來，覆蓋在根團上

③莖幹部分（冠部）要露出來，不要埋在土裡

如果幼苗帶有花苞、花，或伸長的莖幹，要從根部剪下來。

讓堆起的土直接露出，不需用草覆蓋。

栽種時，莖幹傾斜的這一側要靠通道。因為果實會朝這邊生長。

周圍要用草覆蓋

2 照顧

草莓冬天會休眠，在梅花準備綻放時會重新生長。不要忘記用草覆蓋及追肥。

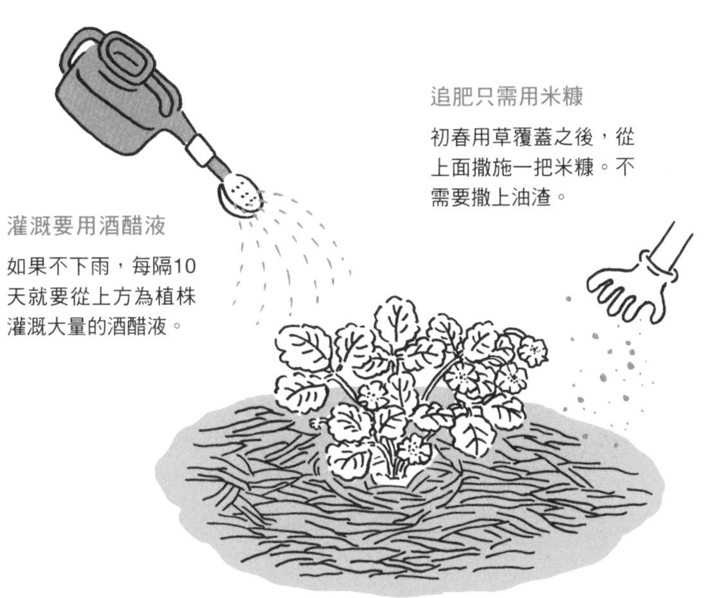

追肥只需用米糠

初春用草覆蓋之後，從上面撒施一把米糠。不需要撒上油渣。

灌溉要用酒醋液

如果不下雨，每隔10天就要從上方為植株灌溉大量的酒醋液。

覆蓋一層草，防止泥水飛濺

梅花開始綻放時要先摘除草莓的枯葉，並割除周圍的草好好地覆蓋在上面，這樣就能預防植株因為下雨泥水飛濺而染上病害。

---

3 採收

果實變紅之後，要在受損之前採收，享受現摘草莓的香甜滋味。

從變紅的果實開始採收

草莓會從靠近花莖根部這一側依序成熟。只要果蒂的葉子翹起就代表已經成熟。但變紅後要趕快採收，免得果實受損。

果實沾到土會很容易受損，所以要及早用草覆蓋。

植株根部旁邊長出來的長莖是什麼？
那是長在尾端的芽，叫做走莖。在育苗軟盆倒入土壤之後只要把這個芽種在裡面，生根之後就是一株新的幼苗。不需要的話，就趕快從根部剪掉。

荷蘭紅葉萵苣

採收新鮮柔嫩的菜葉

喜歡涼爽的氣候，不喜高溫潮濕的夏天。春天和秋天容易栽種，而且病蟲害少，相當適合種植在天然菜園裡。葉片的口感柔嫩水潤。屬於半結球的蘿蔓萵苣（羅馬生菜），相對較耐高溫。

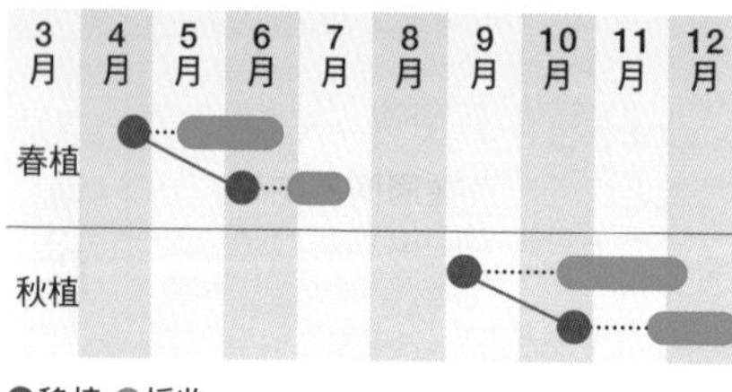

●移植 ●採收
※以日本關東以南的中間地為例

生長適溫

15～20℃

菊科

原產地●地中海沿岸、中近東、中亞、中國

共生植物●高麗菜、青花菜、青江菜等十字花科，以及胡蘿蔔等

1 移植

照著基本方式進行移植，萵苣就很容易扎根，之後也會茁壯成長。

萵苣類的種類豐富，包括沙拉生菜以及拔葉萵苣等。但培育方式都一樣喔！

菜圃的準備工作

選擇一個日照充足、排水良好的地方。若是土壤貧瘠，就先耕地翻土再來作畦。

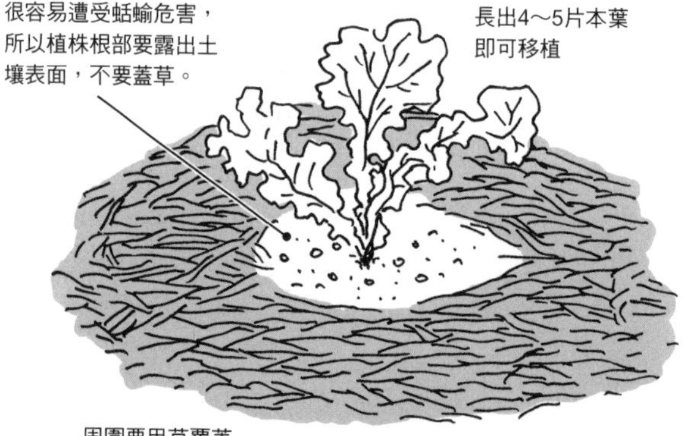

2 照顧

用草覆蓋，讓土壤保持濕潤。生長初期先完成追肥，種出柔嫩的葉片。

灌溉要用Ca酒醋液

如果連續2週都沒有下雨，就在傍晚時分從植株上方灌溉大量的水。建議使用Ca酒醋液，葉子比較不易受損。

追肥要撒施2～3次

扎根之後，要在周圍撒施以米糠和油渣調配而成的混合物進行2～3次追肥。若快收成，就不需追肥。

植株周圍要用草覆蓋

只要草長出來，就割下來覆蓋在植株周圍。

---

3 採收

收成方法有2種。一種是整株採收，另一種是從外葉慢慢摘採。可視用途分別收成。

從外葉摘採，每次取3～4片

菜葉數量若是超過20片，就從外葉開始採收，同時留下3/4的量。這樣就可以隨著數量的增加，長期摘採柔嫩的菜葉。

一次採收的話

當植株長得夠大時，就可以從根部割下，整株採收。要趁葉片柔嫩的時候收成。

熟悉栽種方式後，就可挑戰結球萵苣

結球萵苣在生長初期要用草覆蓋並追肥、以Ca酒醋液灌溉，這些步驟要徹底執行。開始結球後，只需在根部灌溉。成長易受氣候影響，但滋味絕佳。

高麗菜、青花菜

秋植冬收，較易培育

高麗菜與青花菜兩者的祖先都是羽衣甘藍，原產於地中海氣候涼爽的地區，原本為一邊過冬，一邊生長數年的作物。春植、秋植及晚秋植（過冬）皆可，不過一開始栽種時，可先嘗試蟲害較少的秋植冬收。

	2月	3月	4月	5月	6月	7月	8月	9月	10月	11月	12月	1月
秋植								●移植	······	採收	採收	
春植		●移植	···	採收	採收							

●移植 ●採收
※以日本關東以南的中間地為例

生長適溫

高麗菜
15～20℃
（在5～25℃之間生長）

青花菜
15～20℃
（花蕾生長適溫為15～18℃）

十字花科

原產地●地中海沿岸

共生植物●萵苣、茼蒿、毛豆、蠶豆等

1 移植

定植之後，周圍要好好地用草覆蓋，同時進行追肥，以確保初期的生長環境。

第71頁的幼苗移植順序已經以高麗菜為例，進行詳細的說明。

菜圃的準備工作

選擇一個日照充足、排水良好的地方。若是土壤貧瘠，就先耕地翻土再來作畦。

剛開始先在周圍用草覆蓋與追肥

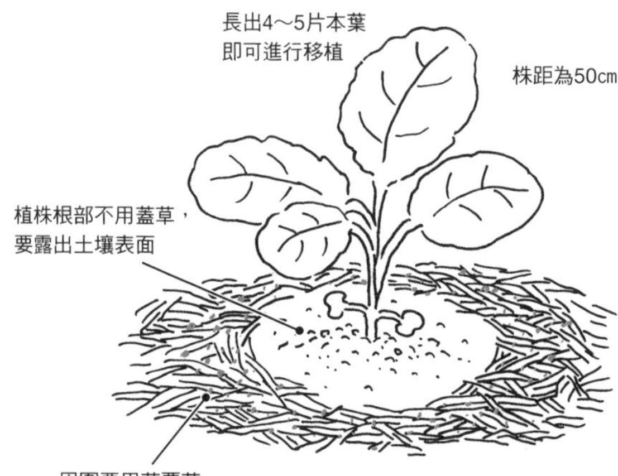

覆蓋一層草之後，再撒施一把以米糠和油渣調配而成的混合物進行追肥。這麼做還可以驅逐秋行軍蟲。

2 照顧

生長的前半階段要追肥3次，以促進外葉生長，有利於結球。不要忘記防蟲措施。

置之不理的話，葉片會被啃食成蕾絲狀。所以看到菜蟲的話，就用免洗筷抓起來。

讓外葉長得更大

氣溫13～20℃時會開始結球。在這之前只要讓外葉長得大一點，就能結出漂亮的葉球。

覆蓋一層草之後，再撒施一把以米糠和油渣調配而成的混合物。

灌溉要用酒醋液

如果連續一週都沒有下雨，就在傍晚時分從植株上方灌溉大量的Ca酒醋液。若開始結球就不需要。

要進行3次追肥

長出5～6片本葉時第一次追肥，6～8片時第二次，10～12片時第三次。由於作物容易損傷，因此開始結球之後就不需追肥。

植株周圍要用草覆蓋

只要草長出來，就割下來覆蓋在植株周圍。

---

3 採收

高麗菜會慢慢地結成球狀。只要葉球變硬，就可以從根部割下來採收。

青花椰菜的培育方式也是一樣

作物最頂端的花蕾球只要長到直徑15cm左右即可收成。要是錯過時機就會開花。從側芽長出的側花蕾也可採收。青花筍只要頂端的花蕾球長到10元硬幣大小就可以採收。

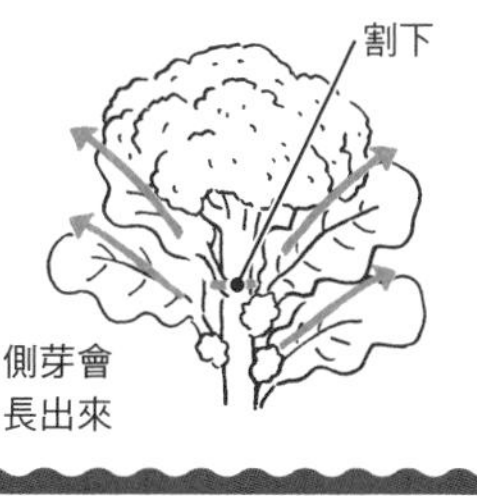

從變硬的葉球開始採收

用手按壓葉球。只要葉片數量增加，內部變得緊密，整顆高麗菜就會越來越結實。這時可用鋸鐮刀或菜刀從根部割下來收成。

白菜

適時栽種，使其結球

雖然秋植比較容易生長，不過白菜通常會在氣溫15～16℃的10月開始結球，所以千萬不要錯過栽種適期，在開始結球之前一定要讓外葉好好長大，這點很重要。另外，生長初期也要注意乾燥與害蟲。

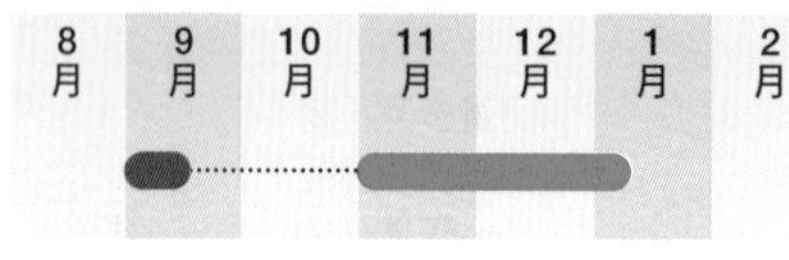

●移植 ●採收
※以日本關東以南的中間地為例

生長適溫

15～20℃
（在5～25℃之間生長）

十字花科

原產地●地中海沿岸至中亞
共生植物●辣椒、萵苣、茼蒿、毛豆等

1 移植

定植之後，周圍要好好地用草覆蓋，同時進行追肥。一週後再開始澆水。

如果是一般土地，通常會在9月上旬至中旬移植。太晚會不易結球。

菜圃的準備工作

選擇一個日照充足的地方。若是土壤貧瘠，就先耕地翻土再來作畦。

用草覆蓋、追肥及澆水

一週後再開始澆水

培育初期盡量不要讓幼苗枯萎。定植一週後，每週要挑一天在傍晚時分，從植株上方灌溉大量的酒醋液。讓作物在初期好好生長很重要。

株距要寬一點，約50～60㎝

長出4～5片本葉即可進行移植

植株根部不用蓋草，要露出土壤表面

周圍要用草覆蓋

覆蓋一層草之後，再撒施一把以米糠和油渣調配而成的混合物進行追肥。這麼做還可以驅逐秋行軍蟲。

2 照顧

到開始結球為止，澆水與進行追肥以促進外葉生長是重點所在。

讓外葉長得更大

氣溫15～16℃時會開始結球。差不多是在幼苗移植之後的第40～50天。在這之前要讓外葉好好長大。

每週澆水一次很重要

到開始結球為止，不論雨量多寡，每週都要挑一天在傍晚時分，從植株上方灌溉大量的Ca酒醋液。要是作物因為乾燥而枯萎或被害蟲啃食，就會生長遲緩，無法結球。

植株周圍要用草覆蓋

只要草長出來，就割下來覆蓋在植株周圍。

覆蓋一層草之後，再撒施一把以米糠和油渣調配而成的混合物。

要進行2次追肥

長出5～6片本葉時第一次追肥，8～12片時第二次。開始結球之後就不需追肥。

如果看到綠色菜蟲，就用免洗筷夾起來。

---

3 採收

葉球變硬就可以採收。寒冬來臨時會停止結球，若是放到春天，還可以採收菜苔。

從變硬的葉球開始採收

用手按壓葉球，要是變硬的話，就用鋸鐮刀或菜刀從根部割下來收成。

若遲遲不結球……

如果感覺葉片排列得不夠緊密，可以早點蓋上一層不織布保溫，促進成長。

外葉周圍要好好用草覆蓋

我種的大白菜老是不結球……
沒關係。春天到了就可以採收菜苔。這個也很好吃喔！

白蘿蔔、櫻桃蘿蔔

適時地間拔疏苗可讓根部更粗壯

就算是剛開墾的貧瘠菜圃也能茁壯成長的根莖類蔬菜。喜歡涼爽的氣候，春播、秋播皆可，但不耐寒。別名「二十日蘿蔔」的櫻桃蘿蔔，春播後30～40天即可採收，因此播種時可以錯開時間，拉長採收期。

3月 4月 5月 6月 7月 8月 9月 10月 11月 12月 1月

白蘿蔔：春播、秋播

櫻桃蘿蔔：春播、秋播

●播種 ●採收

※以日本關東以南的中間地為例

發芽適溫 15～30℃

生長適溫 17～21℃

十字花科

原產地●地中海沿岸、中近東、中亞

共生植物●胡蘿蔔、萵苣、茼蒿、毛豆等

1 播種

整平表土之後直接挖溝，以3cm的間距播種。接著蓋上土壤，用力壓緊壓實。

菜圃的準備工作

選擇一個日照充足、排水良好的地方。如果是其他蔬菜生長得不錯的地方，就不需要耕地翻土。不要事先添加有機物質。

春天染井吉野櫻盛開後，就可以開始播種。盡量選擇一個不易抽苔的春播品種吧！

播種間距為3cm

①清除雜草，整平表土

②均勻播種。株距為3cm

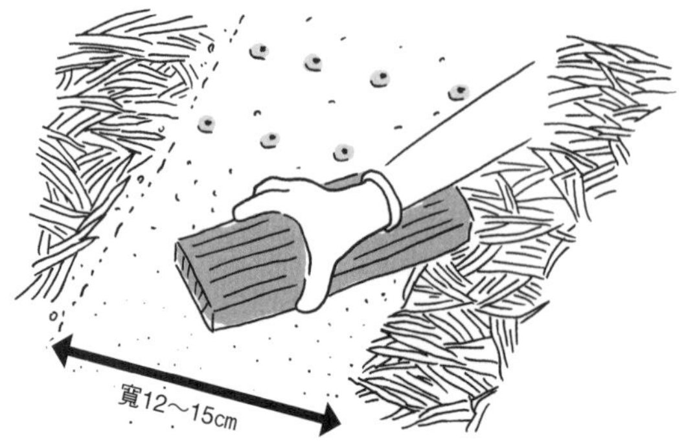

③處理完之後，將割下的草覆蓋在上面即可。

③蓋上土壤之後，用扁平的板子壓緊壓實，讓種子和土壤緊密貼合。不需澆水

2 照顧

適時地間拔疏苗很重要，可讓根部更粗壯。長出5～6片本葉時要完成疏苗，株距為30㎝。

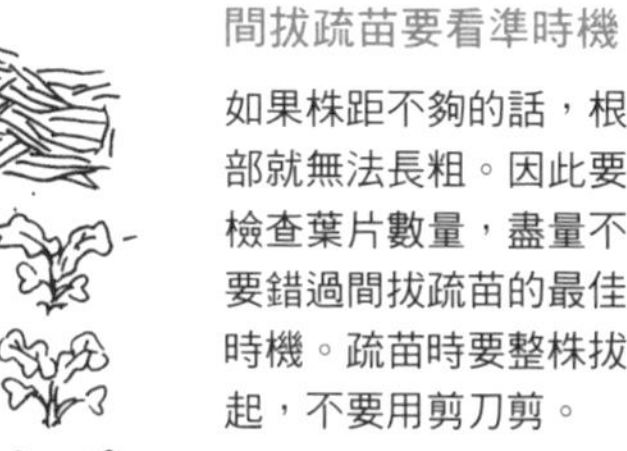

間拔疏苗要看準時機

如果株距不夠的話，根部就無法長粗。因此要檢查葉片數量，盡量不要錯過間拔疏苗的最佳時機。疏苗時要整株拔起，不要用剪刀剪。

灌溉要用酒醋液

如果不下雨，每隔10天就要挑一天在傍晚時分，從上方為植株灌溉大量的酒醋液，以促進生長、驅逐害蟲。

覆蓋一層草

一開始要先拔除株距的草。如果草不好拔，就貼著地面割下來覆蓋在土上。不需追肥。

長出3～4片本葉時進行第一次疏苗，株距為9～15㎝。長出5～6片本葉時進行第二次，株距為30㎝。

櫻桃蘿蔔在播種時只要保持3㎝的間距，就能省去之後間拔疏苗這個步驟。

---

3 採收

早點開始採收是明智的做法。放置太久反而會影響品質。

葉片低垂即可採收

當立起的葉片開始往旁邊倒就可以採收了。如果不採收，任其生長，作物非但不會長大，內部還會出現「孔洞」。

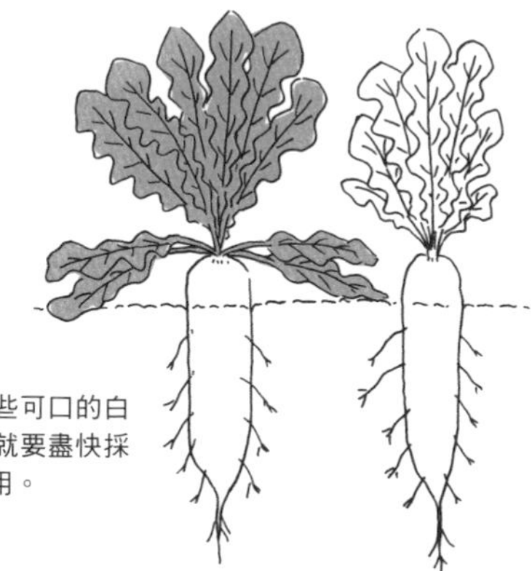

如果想把這些可口的白蘿蔔吃完，就要盡快採收，接連享用。

小蕪菁

附葉的蕪菁格外美味

除了球根，葉子也相當美味，間拔的「葉蕪菁」亦可食用。喜歡涼爽的氣候，春播、秋播皆可。要一邊間拔疏苗，一邊擴大株距培育，並從長大的蕪菁依序收成。

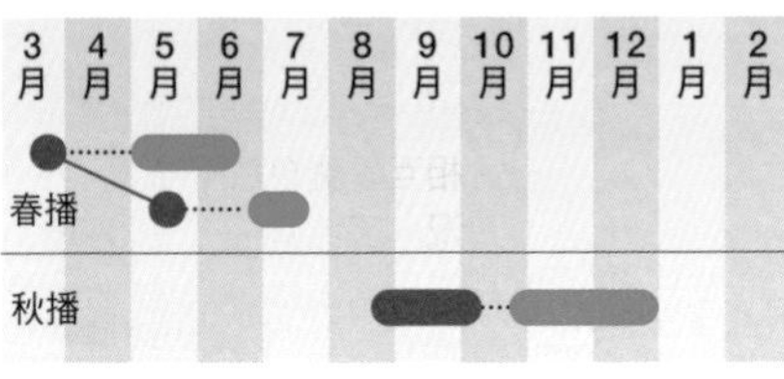

●播種 ●採收
※以日本關東以南的中間地為例

發芽適溫
生長適溫

20～25℃

十字花科

原產地●中亞、地中海沿岸

共生植物●茼蒿、萵苣、芥菜、胡蘿蔔等

1 播種

以2cm的間距在植溝裡撒播種子。覆蓋土壤之後緊密壓實，用草覆蓋會讓發芽更加順利。

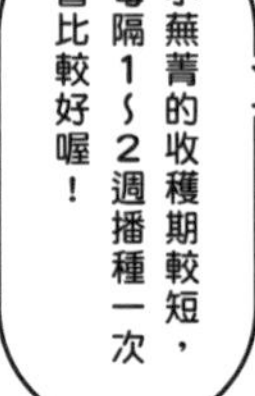

小蕪菁的收穫期較短，每隔1～2週播種一次會比較好喔！

菜圃的準備工作

選擇一個日照充足的地方。如果是其他蔬菜生長得不錯的地方，就直接播種。

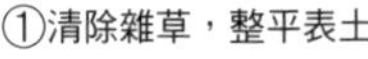

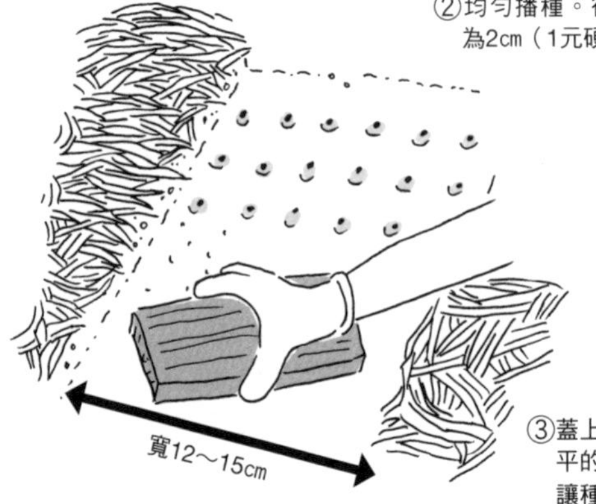

播種間距為2cm
①清除雜草，整平表土
②均勻播種。彼此的間距為2cm（1元硬幣大）
寬12～15cm
③蓋上土壤之後，用扁平的板子壓緊壓實，讓種子和土壤緊密貼合。不需澆水
③處理完之後，將割下的草覆蓋在上面即可。

2 照顧

生長的前半階段只要好好照顧，小蕪菁的成長就會完全不同。適時地間拔疏苗與灌溉要用心處理。

生長的前半階段要勤灌溉

從長出本葉到進行最後一次疏苗為止，每週要挑一天在傍晚時分，從上方為植株灌溉大量的酒醋液。但是後期不可以澆水，否則球根會裂開。

覆蓋一層草

割下長出來的草鋪在株距之間。不需追肥。

長出5～6片本葉時，進行最後一次疏苗。株距為12㎝。間拔的菜可當作「葉蕪菁」食用。

碰到隔壁植株的葉片時要疏苗

蕪菁的葉片相互重疊會影響生長情況，因此葉片互相觸碰時，就要依序間拔疏苗。

生長不良的幼苗也要間拔疏苗

小蕪菁的栽種重點在前半階段的灌溉。

---

3 採收

訣竅是從球根已經長大的植株開始採收。這樣鮮嫩多汁的小蕪菁才會接連成長。

與葉萵苣的種子混合後撒播？

混合之後，以2㎝的間距播種，兩者都能順利發芽。間拔疏苗時還能順便採收生菜嫩葉，值得多加利用。

當球根長到6～8㎝時

從長大的球根開始依序採收。剩下的植株會越長越大。

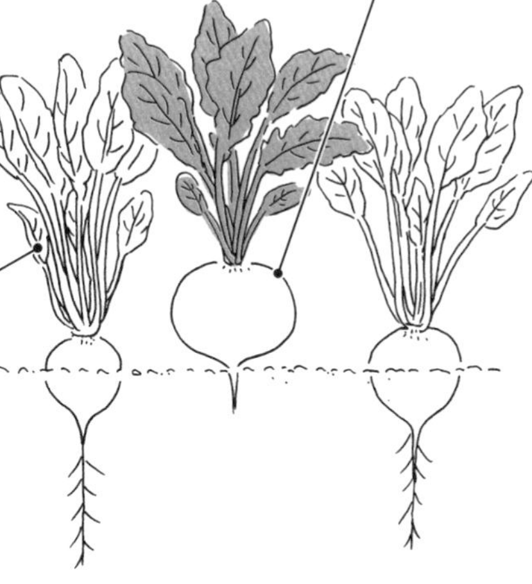

葉子相當美味，不過很容易變黃，因此採收時要從根部割下葉子，做成涼拌菜或淺漬醬菜。

蕪菁不需要培土

胡蘿蔔

一邊讓根部變粗，一邊慢慢收成

雖然不易發芽，但只要順利度過難關，之後的作業就只有間拔疏苗。拔出的苗帶有香氣與苦味，可以當作香草植物食用。要配合植株的成長依序採收。因栽培天數較長，可分成春播和夏播，較容易培育。

	3月	4月	5月	6月	7月	8月	9月	10月	11月	12月	1月	2月
春播		●	●			●						
夏播	●				●				●	●	●	●

●播種 ●採收
※以日本關東以南的中間地為例

發芽適溫 15～25℃
生長適溫 18～21℃

繖形科
原產地●阿富汗周邊的中亞地區
共生植物●蕪菁、毛豆、牛蒡、白蘿蔔等

1 播種

密集撒滿種子蓋土之後，緊密壓實。接著將稻殼覆蓋在上面，幫助種子發芽。

菜圃的準備工作

選擇一個日照充足、排水良好的地方。如果是其他蔬菜生長得不錯的地方，就不需要耕地翻土。不要事先添加有機物質。

夏播要選在梅雨季結束前，土壤仍濕潤的時期，這樣才會有利於發芽。

以5mm的間距密集播種

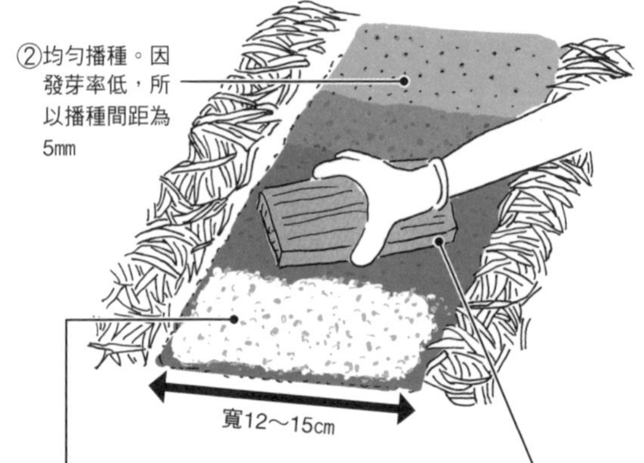

①清除雜草，整平表土
②均勻播種。因發芽率低，所以播種間距為5mm
寬12～15cm
④夏播時，③的上方要撒一層稻殼來蓋住土壤，以保持潮濕。春播時撒一層黑色碳化稻殼，可以讓溫度升高
③蓋上一層薄薄的土壤之後，用扁平的板子壓緊壓實，讓種子和土壤緊密貼合。不需澆水

2 照顧

第二次疏苗時，株距為12～15cm。拔下來的苗也是珍貴的食材，而且風味十分濃郁。

間拔疏苗分2次進行

長出3～4片本葉後，菜圃會開始變擁擠，因此要間拔疏苗，保持3～4cm的間距。整棵植株連根拔起。

生長不良的幼苗也要間拔疏苗。拔出的菜可以做成沙拉或煮湯。

持續灌溉直到根部變粗

長出15片本葉時，根部會開始變粗。如果不下雨，每週就要挑一天在傍晚時分，從上方為植株灌溉大量的酒醋液。

長出5～6片本葉時要進行第二次疏苗，株距為12～15cm。

覆蓋一層草

割下長出來的草鋪在株距之間。不需追肥。

發芽速度較慢。有時可能需要8～10天。

3 採收

趁根部仍細小時，就可陸續採收。在變得太粗、容易受損之前，要盡量拔起來食用。

從變粗的胡蘿蔔開始採收

只要根部直徑長到2～3cm就可以收成。要從粗到細依序採收。

用手指把植株根部的土撥開，確認粗細。

若長時間放在菜圃裡的話，長粗的根部會很容易裂開，而且還會出現「孔洞」，要多注意。

與小蕪菁混種可提升發芽率

撒播胡蘿蔔的種子後，可每隔10cm撒一粒小蕪菁的種子。小蕪菁大約3天就會發芽，並從根部吸收水分。長出來的葉子會形成陰影，讓胡蘿蔔更容易發芽。

茼蒿、芝麻菜

混種可讓風味更加順口豐富

兩者都原產於地中海沿岸，種在一起會相輔相成，共同茁壯成長。不僅可以抵抗病蟲害，風味也會更加柔順美味。建議先整個撒在菜畦裡，之後再一邊疏苗，一邊培育。

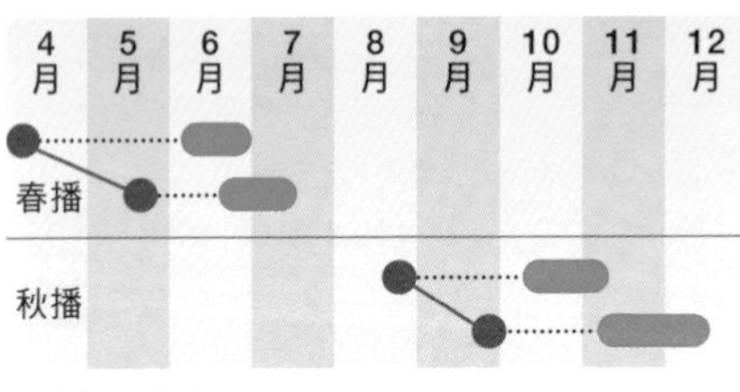

●播種 ●採收
※以日本關東以南的中間地為例

發芽適溫
生長適溫

15～20℃

茼蒿
（菊科）
原產地●地中海沿岸

芝麻菜
（十字花科）
原產地●地中海沿岸

1 播種

將茼蒿與芝麻菜的種子混合之後，以5㎜的間距撒施播種。沒撒到的地方要移動種子，調整距離。

菜圃與種子的準備工作

選擇一個日照充足之處。如果是其他蔬菜生長得不錯的地方，就直接播種。以3：1的比例將茼蒿與芝麻菜的種子混合備用。

茼蒿的話，春播建議栽種可整株收成的大葉種，秋播的話，可選擇能品嚐側芽的中葉種。

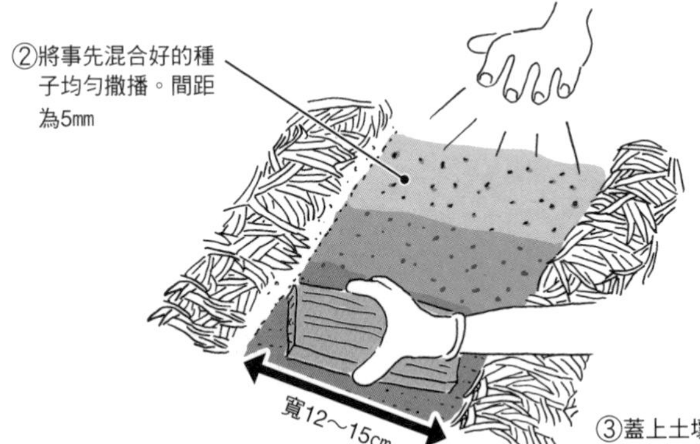

撒播的間距為5㎜
①清除雜草，整平表土
②將事先混合好的種子均勻撒播。間距為5㎜
寬12～15㎝
③蓋上土壤之後，用扁平的板子壓緊壓實，讓種子和土壤緊密貼合。不需澆水
③處理完之後，將割下的草覆蓋在上面即可。

2 照顧

如果葉片會互相觸碰，原則上就要間拔疏苗。長出5～6片本葉時，株距要擴展到10～15cm。

葉菜類在間拔疏苗時，要用剪刀剪下根部。只要留下根部，植株間就不易長草。

間拔疏苗分2次進行

長出3～4片本葉時進行間拔疏苗，間距為5cm。用剪刀從植株根部剪下幼苗，間拔的菜可以食用。

灌溉要用Ca酒醋液

若不下雨，每週就要挑一天在傍晚時分，從上方為植株灌溉大量的Ca酒醋液。

孱弱的植株要間拔疏苗

從這裡剪下來

長出5～6片本葉時要進行第二次疏苗，株距為10～15cm。

覆蓋一層草

割下長出來的草鋪在株距之間。不需追肥。

> **中葉茼蒿的側芽也可以摘採**
>
> 莖幹筆直的中葉種成長到20cm高時，就要從距離植株根部5～10cm處摘下中心的莖。剩下的本葉會長出側芽，可以連續採收2、3次（參照P.79）。

3 採收

「混種」的優點，就是可以品嚐口感柔嫩、風味豐富的菜葉。所以要早點採收。

採收時間要選在上午

上午的茼蒿鮮嫩水潤，滋味也較不苦澀辛辣，適合用來做沙拉或涼拌菜。

從上方摘採茼苣的側芽，下葉則留下4～5片。

芝麻菜　茼蒿

混種不同性格的十字花科作物

水菜、小松菜

兩者都屬於十字花科，水菜的葉片呈鋸齒狀，喜歡水，就算土壤貧瘠也能生長。小松菜的葉片偏圓，喜歡適度通風及肥沃的土壤。若能混種就可有效利用空間和養分、水分，長出柔嫩的葉子。

	3月	4月	5月	6月	7月	8月	9月	10月	11月	12月	1月	2月
春播	●		●採收	採收								
			●	採收	採收							
秋播						●		採收				
								●		採收		

●播種 ●採收
※以日本關東以南的中間地為例

發芽適溫
生長適溫

15～20℃

水菜、小松菜
十字花科
原產地●均為地中海沿岸，小松菜是日本經過品種改良而誕生的
共生植物●茼蒿、萵苣、胡蘿蔔等

1 播種

兩者的種子都非常小，而且很相似。撒種間距為2cm，蓋土後要壓緊壓實。

春天要選擇不易抽苔的品種，並且掌握及早採摘的訣竅。

菜圃與種子的準備工作

選擇一個日照充足之處。如果是其他蔬菜生長得不錯的地方，就直接播種。水菜和小松菜的種子先以等量混合備用。

撒播的間距為2cm

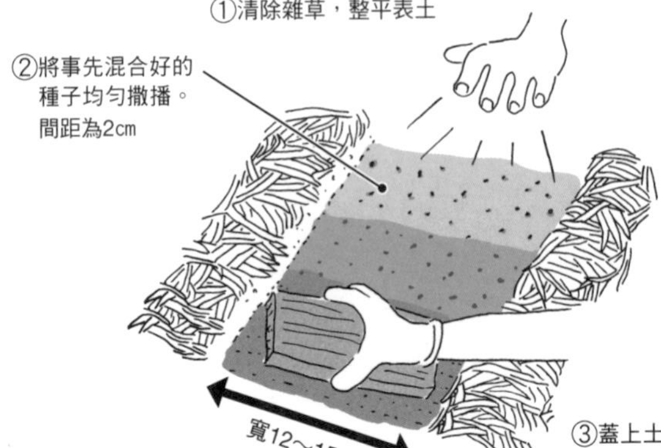

①清除雜草，整平表土
②將事先混合好的種子均勻撒播。間距為2cm
寬12～15cm
③蓋上土壤之後，用扁平的板子壓緊壓實，讓種子和土壤緊密貼合。不需澆水
③處理完之後，將割下的草覆蓋在上面即可。

2 照顧

長出5～6片本葉時，株距調整為8㎝。只要保持適當的密度，相互遮陽，長出的葉片會更加柔嫩。

灌溉要用Ca酒醋液

如果不下雨，每週就要挑一天在傍晚時分，從上方為植株灌溉大量的Ca酒醋液。

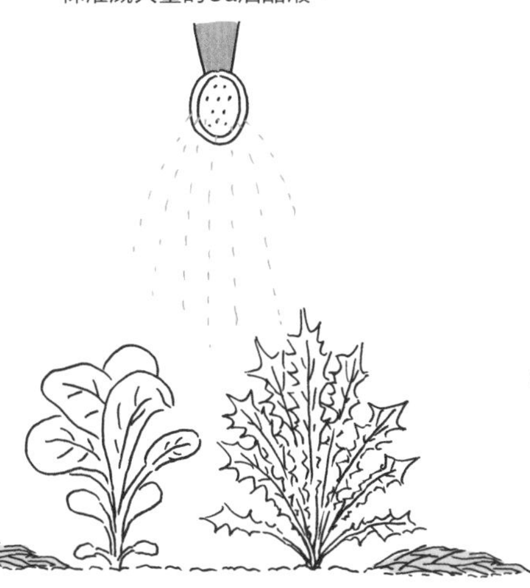

長出5～6片本葉時要進行第二次疏苗，株距為8㎝。

間拔疏苗分2次進行

長出3～4片本葉時要間拔疏苗，間距為4㎝。用剪刀從植株根部剪下幼苗，間拔的菜可以食用。

發育不良的植株要間拔疏苗

覆蓋一層草

割下長出來的草鋪在株距之間。不需追肥。

---

3 採收

要比市售的作物小一些，以20㎝左右為佳。

趁葉子柔嫩的時候採收

從20㎝高的植株開始採收。要是超過25㎝的話，葉片口感會變硬。

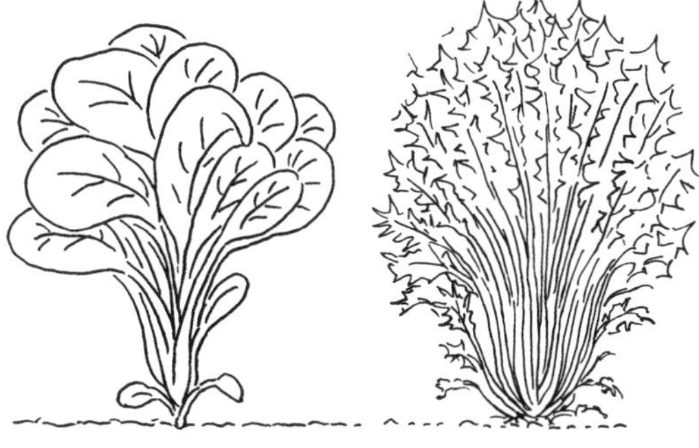

小松菜

水菜。冬季可以種得大把一點，當作火鍋配料享用。

菠菜

味道清爽，較無澀味

只要在天然菜園中種得密一點，就能採收味道較不澀、葉片柔嫩的菠菜。雖然不喜高溫多濕的夏天，卻能承受寒冷的冬天，而且滋味會變得相當清甜。從發芽到培育初期很容易失敗，因此播種要細心。

	8月	9月	10月	11月	12月	1月	2月	3月	4月	5月	6月	7月
春播								●	●	●	●	
秋播		●	●	●	●	●						

●播種 ●採收
※以日本關東以南的中間地為例

發芽適溫
生長適溫
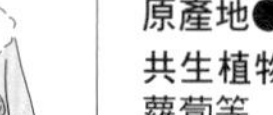
15～20℃

莧科
原產地●中亞
共生植物●蔥、洋蔥、牛蒡、胡蘿蔔等

1 播種

種子較大，土要蓋得厚一點。播種的時候要細心，這樣初期才會長得好。

種子泡水24小時後再撒播

菜圃的準備工作

選擇一個日照充足、排水良好、土壤肥沃的地方。

種子的準備工作

將水倒入杯子或容器裡，放入種子浸泡24小時。撒播前先用廚房紙巾吸除水分。

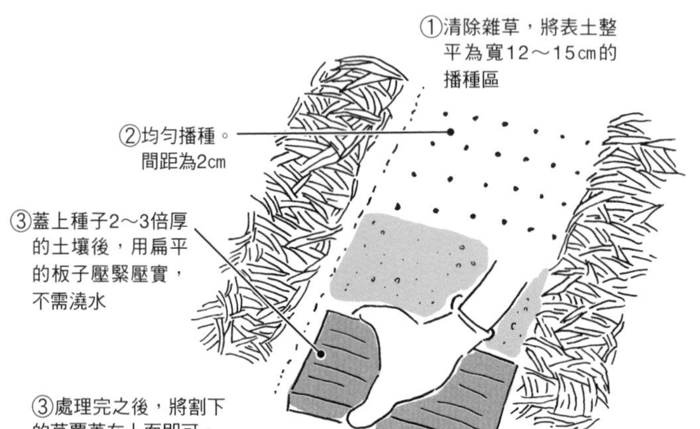

2 照顧

培育初期澆水是失敗的原因。若要澆水，要等到第3片本葉長出來再用Ca酒醋液灌溉。

菠菜從發芽到生長初期
很容易因環境過濕而枯萎，
在長出2片本葉前嚴禁澆水！

灌溉要用Ca酒醋液

長出3片本葉之後如果沒有下雨，每週就要挑一天在傍晚時分，從上方為植株灌溉大量的Ca酒醋液。

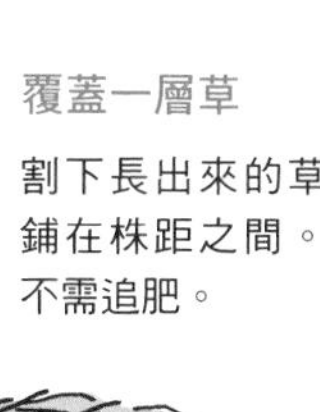

覆蓋一層草

割下長出來的草鋪在株距之間。不需追肥。

有了鈣就能
健壯成長

從長大的植株開始間拔疏苗

如果葉片會與隔壁的植株互相觸碰，就從長大的菠菜依序疏苗。

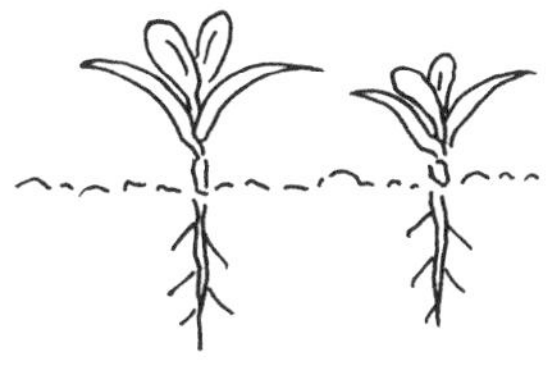

最後的株距為6cm左右

3 採收

冬天的菠菜根部滋味格外甜美，所以採收時要用剪刀連同菜根剪下來。

當株高達到20～25cm時，
要趁葉子還柔嫩時採收。

將剪刀置於植株下方，
稍微貼著根部剪下採收。

菠菜有時會挑選土壤，
不太好種。
如果同一塊地之前
種過蔥的話，
就會比較好種植。

毛豆

享受現摘蔬菜的甘甜與芳香

現摘的美味是毛豆最大的魅力。屬於短袖蔬菜的毛豆要等到天暖時分才能播種，開花前後還要灌溉足夠的水分。可以在貧瘠的菜圃裡生長，而且栽種過後土壤會變得更加肥沃。

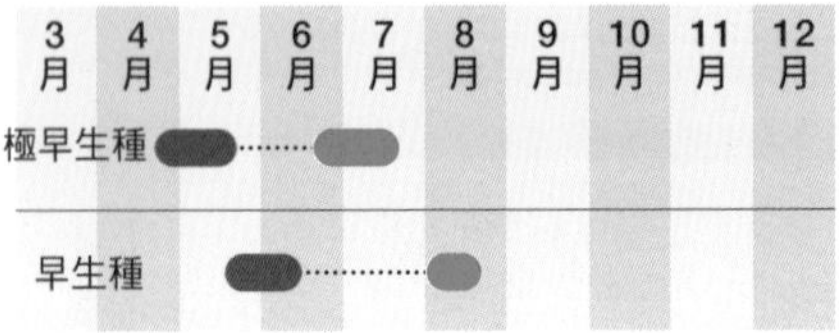

	3月	4月	5月	6月	7月	8月	9月	10月	11月	12月
極早生種		●	●		●					
早生種				●		●				

●播種 ●採收
※以日本關東以南的中間地為例

發芽適溫
25～30℃
（15℃會延遲）

生長適溫
20～25℃

毛豆
豆科
原產地●東亞、中國
共生植物●茄科、葫蘆科等

1 播種

重點是一次把3粒種子種在同一個植穴中。這樣芽才會發得好，茁壯成長。

3粒種子種在一起時只要吸足水分，整個膨脹，就能鬆動土壤進而發芽，根系也會深入土中。

菜圃的準備工作

選擇一個日照充足的地方。就算是貧瘠的土地也能生長。

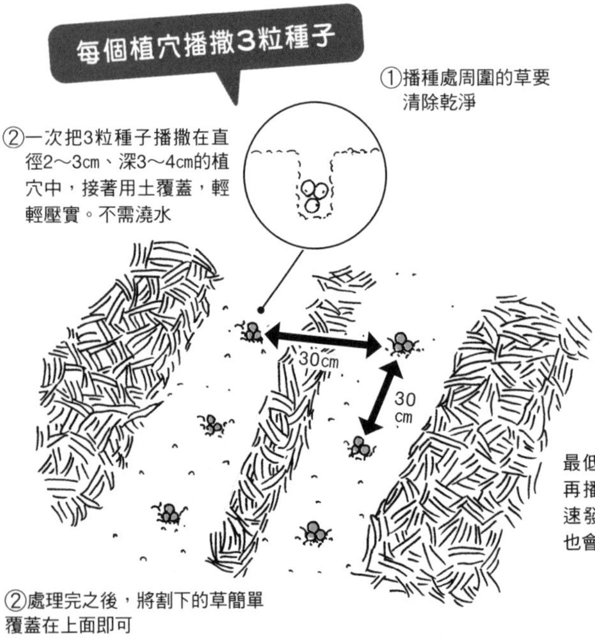

每個植穴播撒3粒種子

①播種處周圍的草要清除乾淨

②一次把3粒種子播撒在直徑2～3㎝、深3～4㎝的植穴中，接著用土覆蓋，輕輕壓實。不需澆水

30㎝
30㎝

最低溫超過15℃之後再播種，這樣才能加速發芽，蟲害與鳥害也會比較少。

②處理完之後，將割下的草簡單覆蓋在上面即可

2 照顧

2株同時培育。如果3粒種子全都發芽，其中一株要進行間拔。

開花前後要灌溉足夠的水分

開花期間每週至少要挑一天，在傍晚時分從上方為植株灌溉大量的酒醋液，以驅逐椿象等蟲類。

長出1～2片本葉時改種2株

長出子葉之後，初生葉與本葉會接連生長。長出1～2片本葉時，孱弱的植株要進行間拔，留下2株。

間拔疏苗時用剪刀剪斷根部

覆蓋一層草

將草割下來，厚厚地覆蓋在植株周圍保濕。

不需追肥

根部有根瘤菌共生，可將土裡的氮轉化為養分。

---

3 採收

不要太晚採收。帶回家之後要盡快烹調。

只要有8成的豆莢變飽滿即可收成

等到所有豆莢都鼓起來再採收就為時已晚，而且風味也會變差。

採收的方法有2種

一種是只剪下飽滿的豆莢，另外一種是用剪刀從植株根部剪下來，摘除葉片，留下枝幹與豆莢之後帶回家。

毛豆採收之後
要立刻水煮食用！
因為放得越久，
滋味就會越差。

現採現煮最好吃
花生

這是家庭菜園才能夠獨享的好滋味。現採現煮的花生堪稱絕品。莖葉呈半直立狀或趴伏在地的品種比較容易栽種。開出黃色花朵之後，「子房柄」就會從花朵根部鑽入土中，並從中長出豆莢。

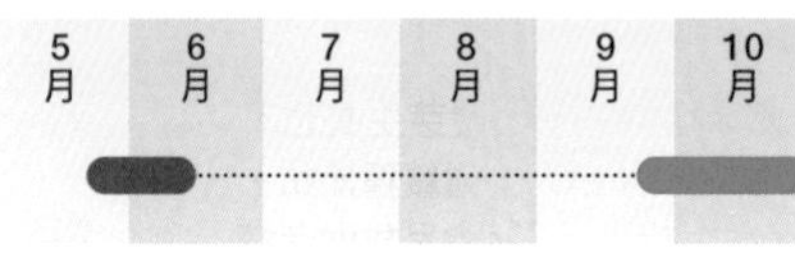

●播種 ●採收
※以日本關東以南的中間地為例

發芽適溫
25～30℃
（15℃會延遲）

生長適溫
20～25℃

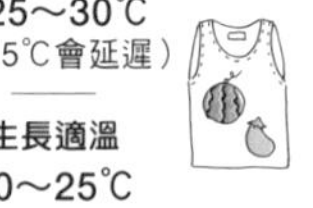

豆科
原產地●安地斯山脈東邊山腳
共生植物●茄科、小黃瓜、甘藷、胡蘿蔔等

1 播種

模仿花生在豆莢裡的模樣，將2粒種子排在一起栽種，發芽時期才會一致，並茁壯成長。

菜圃的準備工作

選擇一個日照充足、排水良好的地方。就算是貧瘠的土地也能生長。

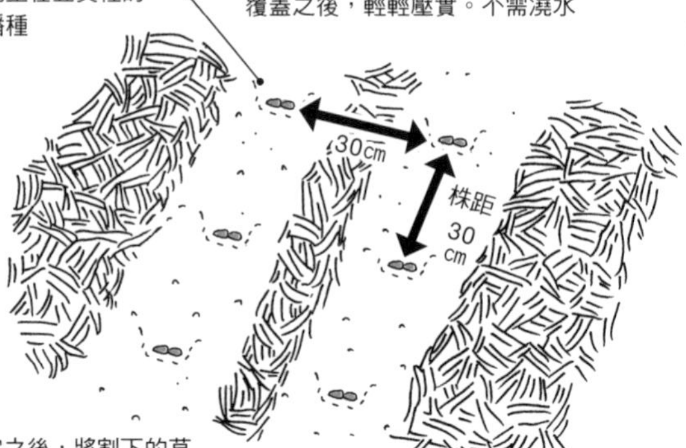

2 照顧

成長期後半到開花之前要覆蓋一層厚厚的草，以免雜草叢生。

不需澆水與追肥

花生的原產地是乾燥的貧瘠地區，能對抗夏季的炎熱。除非氣候太乾燥，否則不需澆水與追肥。

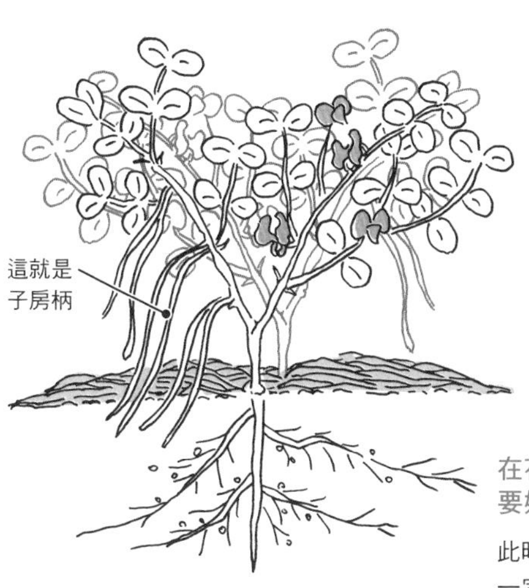

花謝了之後，子房柄會延伸並深入土裡，長出豆莢。

不需要間拔疏苗

就算2粒種子都發芽生長也不需要間拔疏苗，繼續種無妨，因為它們的莖葉會呈放射狀擴散，不會影響到彼此。

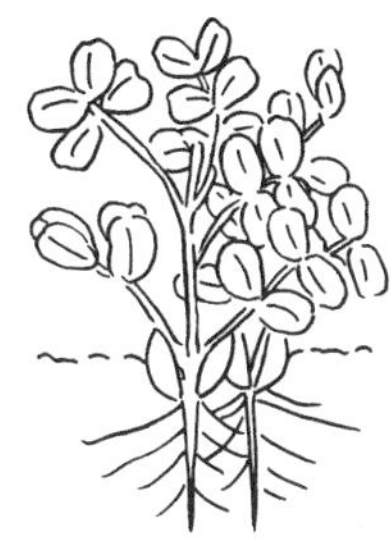

在花開始綻放之前，要好好用草覆蓋

此時割草很容易傷到子房柄，因此一定要在花開之前好好割草，將其覆蓋在土壤上，以防雜草叢生。

---

3 採收

觀察下葉的狀態，並進行試挖。只要豆莢出現漂亮的網紋就可以挖掘採收。

下葉開始枯萎時先試挖

開花到收成的天數因品種而異，落在75～90天之間。只要下葉開始枯萎就可以挖掘植株根部，確認豆莢的狀態。

如果要乾炒花生，可連同葉子倒掛晾乾，直到搖晃豆莢時會發出聲音為止。

如果豆莢的網紋很明顯，代表花生已完全成熟，可挖掘採收。
水煮的話要當天！煮40分鐘之後撈起就可以冷凍保存了。如果要乾炒，晾乾後連同豆莢用平底鍋炒！
原來花生是這樣長出豆莢的呀!?真令人訝異！

爬藤四季豆、豇豆

採收未熟的豆莢與完全成熟的豆子

四季豆喜歡涼爽的氣候，適合春播及夏播（秋收）。剛開始要及早摘採尚未成熟的豆莢，到了成長期後半段要等豆子完全成熟再採收。豇豆耐熱，春播的四季豆結束之後，就是採收旺季。

	3月	4月	5月	6月	7月	8月	9月	10月	11月
春播		●播種		採收	採收				
春播			●播種		採收				
秋播					●播種		採收	採收	

●播種 ●採收
※以日本關東以南的中間地為例

發芽適溫
20～25℃
生長適溫
15～25℃

四季豆
豆科
原產地●中南美洲

發芽適溫
生長適溫
20～25℃

豇豆
豆科
原產地●非洲

共生植物●玉米、南瓜、小黃瓜、豌豆等

1 播種

4根支柱旁都要播種。梯皮型支架要綑綁麻繩，好讓藤蔓攀爬。

菜圃的準備工作

選擇一個日照充足、排水良好的地方。

每個梯皮型支架可同時種植不同種類的豆類，例如圓莢型的四季豆、扁莢型的粉豆以及豇豆。

架好梯皮型支架後，4個地方各撒3粒種子

①先架設好梯皮型支架（參照P.73），並在4根支柱旁撒下種子

②取3粒種子，播撒在直徑2～3cm、深3～4cm的植穴中，接著用土覆蓋，輕輕壓實，不需澆水

如果能與小黃瓜一樣在支架掛上麻繩會更好（參照P.90）。

最低溫超過15℃之後再播種，這樣才能加速發芽，蟲害與鳥害也會比較少。

②處理完之後，將割下的草好好地覆蓋在上面。

2 照顧

雖然不喜潮濕，但是花開時期如果天氣持續乾燥，就要灌溉酒醋液，這樣結果會更加順利。

如果不下雨就要灌溉酒醋液

如果花開時期沒有下雨，每週就要挑一天在傍晚時分，從上方為植株灌溉大量的酒醋液。

就算沒有牽引，藤蔓也會自然地順著支柱或麻繩攀爬。

本葉長出來之後改種2株

長出子葉之後，初生葉與本葉會接連生長。孱弱的植株要進行間拔，留下2株。

不需追肥

根部有根瘤菌共生，可將空氣中的氮轉化為養分。

覆蓋一層草

將草割下，厚厚地覆蓋在植株周圍保濕。

---

3 採收

前半段先採收尚未成熟的豆莢，以增加產量。後半段的目標是採收完全成熟的豆子。

及早摘採，增加產量

趁豆莢裡的豆仁長大之前早點採收。這樣豆莢就可以再長一輪，增加產量。

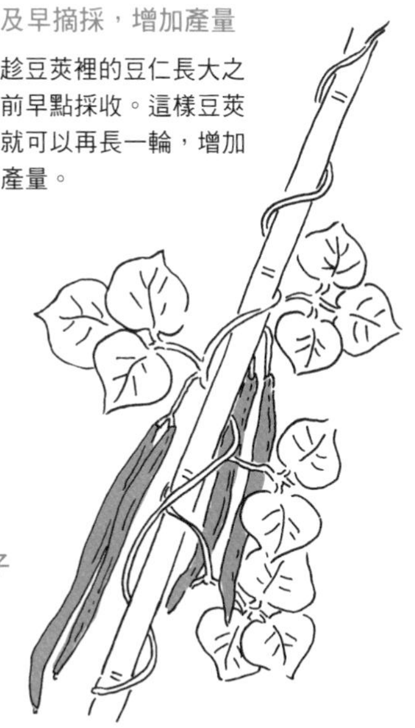

成長期後半段要摘成熟的豆子

當植株的生長氣勢開始變弱、豆莢變乾時，就能採收成熟的豆子，可以用來滷煮。

豇豆的採收期比較長

四季豆在夏季氣溫高的地區，採收期會比較短。豇豆耐熱，因此可從夏天一直採收到秋天。這2種作物種類豐富，還有不少獨具特色的地方品種，不管幼嫩還是成熟皆能食用。

與麥類混種，度過冬天
豌豆

因為耐寒不耐熱，通常在秋天播種，過冬之後於5～6月收成。現採的豌豆口感鮮嫩，滋味甘甜無比，整個生長過程還可食用荷蘭豆、甜豌豆及豌豆仁這3種型態，而且每種還有專屬品種。

10月	11月	12月	1月	2月	3月	4月	5月	6月	7月	8月

●播種 ●採收
※以日本關東以南的中間地為例。寒冷地的話，最好是先育苗，2月以後再移植

發芽適溫
20～25℃
生長適溫
15～20℃

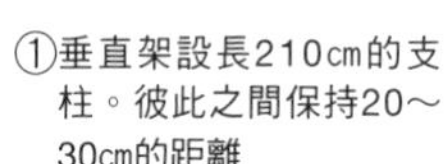

豆科
原產地●中近東、中亞

1 播種

晚秋時節架設支柱，各取5粒豌豆與麥類的種子一起種在旁邊。

菜圃的準備工作

選擇一個日照充足、排水良好的地方。如果同一塊地前一次是栽種夏季蔬菜的話，會比較好種植。

麥類作物可以協助防寒，還能當作生長初期的支柱。只要是麥類，不管大麥、燕麥或黑麥都可以！

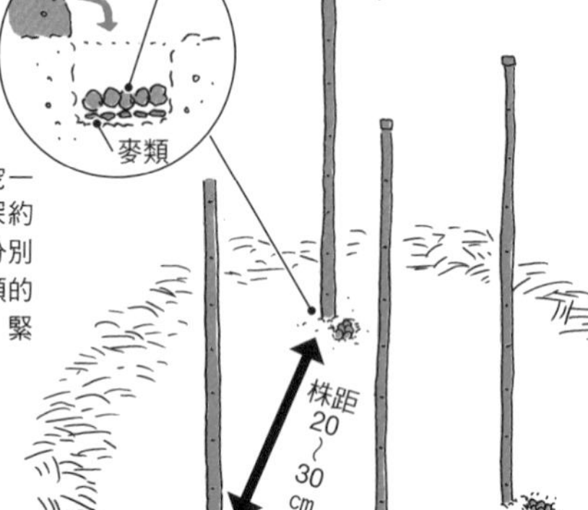

①垂直架設長210cm的支柱。彼此之間保持20～30cm的距離

②直接在支柱旁邊挖一個直徑3～4cm，深約5cm的植穴，然後分別種下5粒豌豆和麥類的種子。用土覆蓋，緊緊壓實。不需澆水

②處理完之後，將割下的草好好地覆蓋在上面。

2 照顧

讓豌豆在麥類種子的包圍下過冬。一到春天就稍微整理莖幹，將其牽引至支柱上。

如果不下雨就要灌溉酒醋液

如果花開時期沒有下雨，每週就要挑一天在傍晚時分，從上方為植株灌溉大量的酒醋液。這麼做也可以驅逐害蟲。但霜降時期要在白天澆水。

不需要間拔疏苗

豌豆發芽後會纏繞在麥株上。長出4～5片本葉即可準備過冬。兩者會相互依靠，避免遭寒風吹拂。

豌豆的藤蔓不會自己纏繞在支柱上，因此每隔15～20㎝就要用麻繩把植株圈起來加以牽引。

覆蓋一層草

將草割下，厚厚地覆蓋在植株周圍保溫、保濕。不需追肥。

只要天氣變暖，豌豆和麥類就會迅速生長。

---

3 採收

收成方法有3種，要配合品種進行採收。荷蘭豆3種方法都適用。

根據種類調整採收時期

荷蘭豆、甜豌豆及豌豆仁這3種豌豆，要根據種類調整採收時機。

豌豆有矮性品種。有些荷蘭豆品種在7月進行播種的話，到了秋天就可以收成。

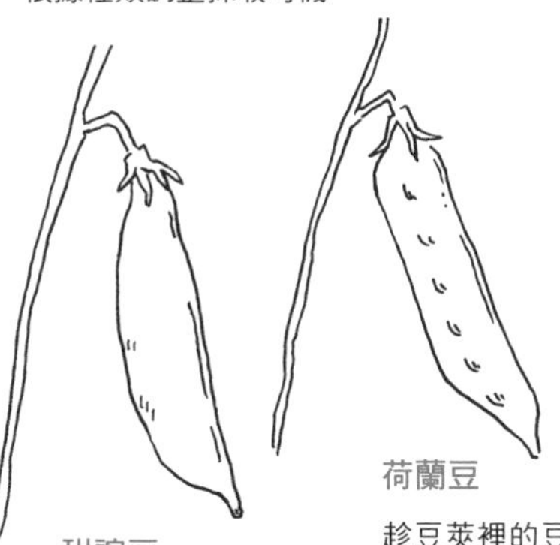

豌豆仁

要趁裡面的豆仁長很大，豆莢也變硬時採收。

甜豌豆

要趁裡面的豆仁已經長大，但是豆莢還沒變硬之前採收。

荷蘭豆

趁豆莢裡的豆仁還沒長大的時候採收。

大蒜

葉子、花莖和球莖都很美味

剝開球莖取出一片蒜瓣即可作為種球。只要在秋天種植，隔年初夏就能採收內有6～12片蒜瓣的球莖。春天長出的花莖可以當作蒜薹食用。暖地和寒冷地的品種不同，最好選擇適合當地栽種的品種。

9月	10月	11月	12月	1月	2月	3月	4月	5月	6月	7月
●移植							蒜苗 ●採收		●採收	

●移植 ●採收
※以日本關東以南的中間地為例

生長適溫

15～20℃

石蒜科蔥屬
原產地●中亞山岳地帶
共生植物●草莓、番茄、茄子等

適合栽種在寒冷地的有「福地白六片」、「新白六片」；適合栽種在暖地的有「上海早生」、「壹州早生」與「島大蒜」等。

1 移植

將種球的芽朝上定植。方向錯誤的話，芽就會長不出來。

菜圃的準備工作

選擇一個日照充足、排水良好的地方。如果同一塊地前一次是栽種夏季蔬菜的話會更好。

種球的準備工作

挑大一點的種球，一一剝下蒜瓣。大顆種球會長得比較好。

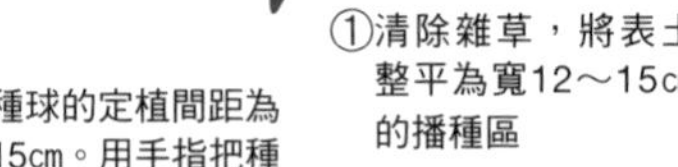

①清除雜草，將表土整平為寬12～15cm的播種區

②種球的定植間距為15cm。用手指把種球壓入土中

③蓋上土壤之後，用手掌壓實，讓種球和土壤緊密貼合。不需澆水

③處理完之後，將割下的草覆蓋在③上面即可。

土壤覆蓋的厚度約為一顆種球的高度

種球的芽朝上，硬的部分要朝下

寬12～15cm

15cm

2 照顧

冬天過後，當梅花綻放時，就要用草覆蓋及追肥。要持續澆水到球莖變大為止。

長出2～3片本葉即可過冬

移植後1～2週內會發芽，並長出本葉。當寒冷天氣正式來臨時，生長速度會變慢。長出2～3片本葉的狀態比較能耐寒。

本葉太多，植株就會長高，這樣葉片會很容易因寒風受損。

立春時分要用草覆蓋及追肥

立春時只要梅花盛開，就將周圍的草割下來覆蓋在上面。追肥要撒施1～2次。用草覆蓋之後，要撒施一把以米糠和油渣調配而成的混合物。

只有初春才要灌溉

初春雨水少的時候，每週要挑一天在溫暖的白天，從上方為植株灌溉大量的酒醋液。到了4月，當球莖開始膨脹時就不能再澆水，否則球莖會很容易腐爛。

---

3 採收

伸出的花莖是蒜薹。葉子枯萎後即可採收球莖。初春的蒜苗也相當美味。

採收蒜薹

4～5月抽苔之後，花莖就會變長。只要從根部剪下來，就可當作「蒜薹」食用。

葉片或莖幹有1/3枯萎時即可採收球莖

當地面上的葉片或莖幹有1/3枯萎時，就是採收適期。抓住莖幹根部拔出即可。

洋蔥球莖

栽培輕鬆、不易失敗且收成快

洋蔥的栽培方法有2種。一種是移植幼苗，另一種是把洋蔥當作種球栽種。洋蔥球莖的栽培期短，而且不易失敗。栽種時可以選擇在夏天尾聲種植、當年收成，也可以選擇秋天種植、隔年春天採收。

6月	7月	8月	9月	10月	11月	12月	1月	2月	3月	4月	5月

●移植 ●採收
※以日本關東以南的中間地為例

生長適溫

15～20℃

石蒜科蔥屬
原產地●中亞、近東
共生植物●小番茄、茄子等

1 移植

定植時要把種球壓入土壤中。訣竅在於分階段埋入土中。

種球有時會以休眠鱗莖或是仔球等名稱販賣。

菜圃的準備工作

選擇一個日照充足、排水良好的地方。同一塊地前一次栽種的蔬菜如果茁壯成長會更好。也可以種在茄子旁。

用手指把種球壓入土壤中，使其1/3埋在土裡。

培土

1～2週後，當根部長出來，植株穩定之後，就將土堆到植株高度的2/3。

頂端一定要朝上露出來。

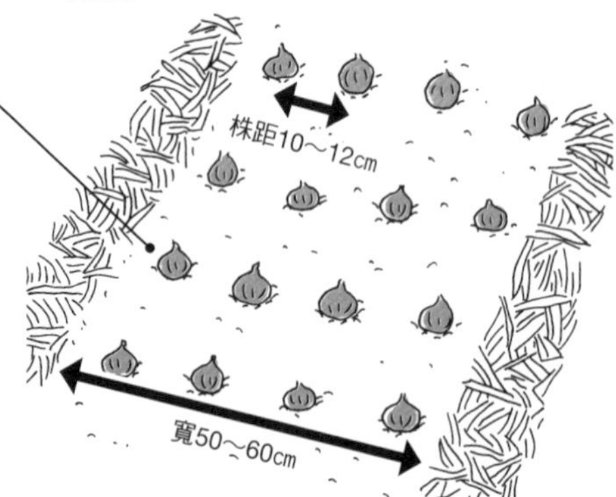

2 照顧

長出3片葉子時要用草覆蓋及追肥，在球莖長大之前要一直澆水。但生長緩慢的冬季不需灌溉。

寒冬時生長緩慢。
梅花開了之後再追肥一次，
並重新開始澆水。

澆水要在白天

持續成長期間，每週要挑一天在溫暖的白天，從上方為植株灌溉大量的酒醋液。只要球莖開始膨脹，就不用再澆水。

長出3片葉子時要用草覆蓋及追肥

當植株長出3～4cm的短葉，且數量達3片時，就要好好地用草覆蓋，之後再撒施一把以米糠和油渣調配而成的混合物。

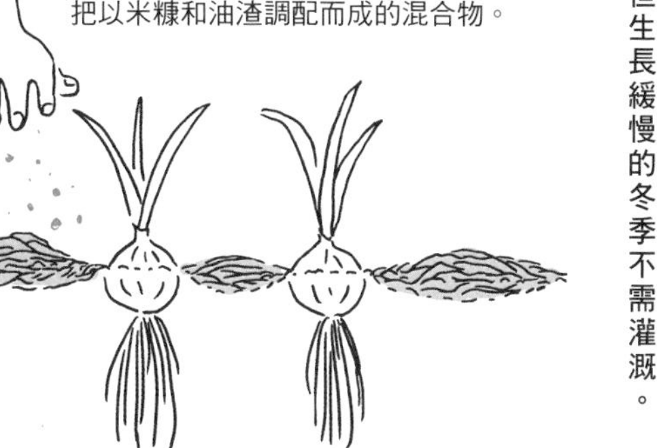

長不大的洋蔥就拿來當作種球

熟悉栽種方式之後，就可以挑戰從洋蔥苗開始栽培！洋蔥苗有時長成小球莖後就不再長大，但是只要知道怎麼種洋蔥球莖，就算是種失敗的小洋蔥，照樣可以當作種球善加利用。

3 採收

洋蔥球莖是極早生品種。收穫時期從年底到隔年3月左右，所以要盡早吃完。

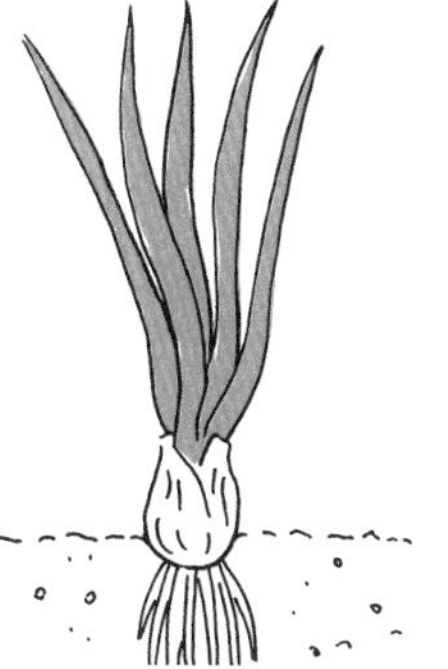

有些球莖分成2個也不會長大（分球）。在這種情況之下，就當作帶葉洋蔥採收食用吧。

帶葉洋蔥也可以採收

如果球莖還小，但是已經停止成長的話，不妨採收後連同葉子一起享用。

葉片低垂即可採收

洋蔥球莖不適合儲藏，因此不要保存好幾個月，要盡早食用。

帶葉洋蔥擁有令人驚豔的美味。
有些人種洋蔥的目的就是為了它。

每次收成之後就要換地方栽種 馬鈴薯、蔥

馬鈴薯是打頭陣的春植蔬菜。但是隨便找空地栽種會成為病蟲害的發源地，反而會影響其他蔬菜。因此要將馬鈴薯種在固定菜畦裡（參照第37頁），並與可預防病蟲害的蔥交替栽種，讓菜圃保持健康。

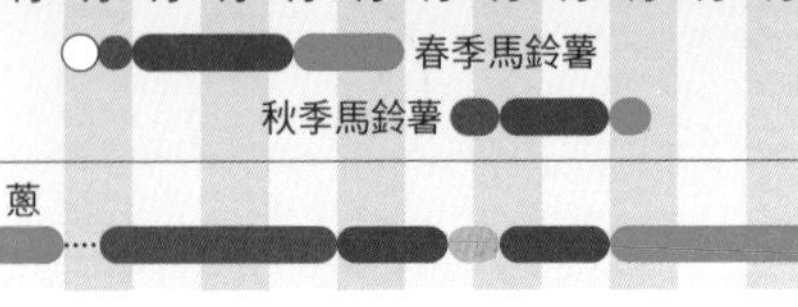

●種植 ●培土 ●移植 ●採收 ○綠化處理
※以日本關東以南的中間地為例

發芽適溫 15～20℃
生長適溫 15～24℃

馬鈴薯
茄科
原產地●安地斯山脈

發芽適溫
生長適溫
15～20℃

蔥
石蒜科蔥屬
原產地●中國西部

1 移植

種完蔥就種馬鈴薯，種完馬鈴薯就種蔥。馬鈴薯要先進行綠化處理。

菜圃的準備工作

選擇一個日照充足、排水良好的地方。蔥喜歡肥沃的田地，馬鈴薯則喜歡較貧瘠的田地。

馬鈴薯與蔥輪作

蔥有助於預防病蟲害

蔥的根部棲息著能夠減少病原菌的微生物。只要與蔥輪作，就可以抑制馬鈴薯的病原菌滋生，從而減少損害。

種植的地方要固定

如果馬鈴薯出現病蟲害，很容易擴散到同為茄科的番茄與茄子等作物。因此要種在固定菜畦裡並與蔥輪作，這樣就不會對其他蔬菜帶來不良影響。

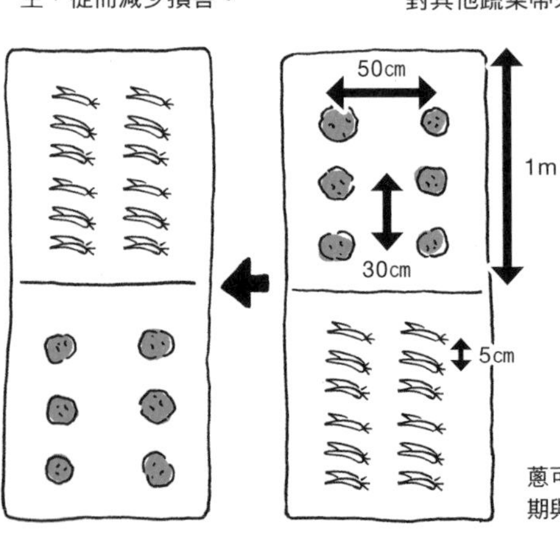

無論春秋或隔年皆可輪作

只要遵守「種完蔥就種馬鈴薯，種完馬鈴薯就種蔥」這個原則，就能以春植與秋植或今年與明年的方式輪作。

蔥可以種成一整排的大苗。依時期與取得的幼苗進行調整。

拿到種薯後立刻進行綠化處理

取得種薯之後，將其放在15～20℃的室內，隔著紙門曬太陽2～3週進行綠化處理。這樣就能變成可以對抗病害的健壯種薯。

種薯的大小以S尺寸為佳

種薯只要有40～60g即可。50g左右、S尺寸的種薯可以直接種植。

大顆的種薯要切開

如果超過100g，就用刀子或菜刀切成約50g。從頂端（芽眼）往基部縱切開來。

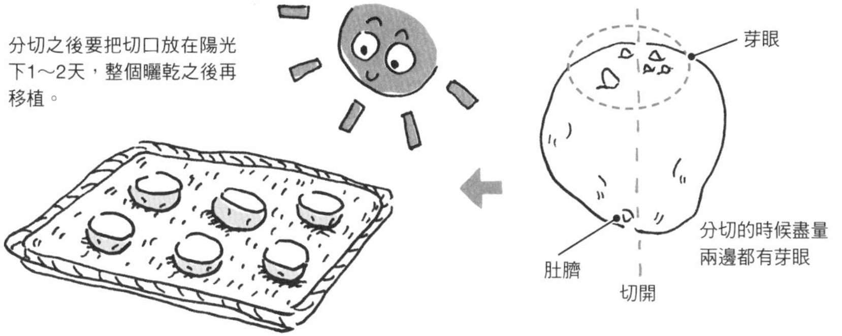

芽眼

分切的時候盡量兩邊都有芽眼

肚臍

切開

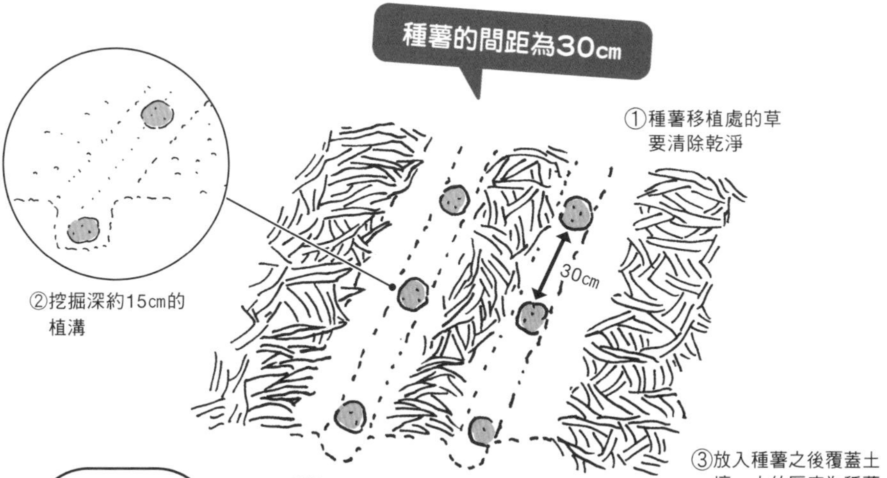

分切之後要把切口放在陽光下1～2天，整個曬乾之後再移植。

種薯的間距為30cm

①種薯移植處的草要清除乾淨

②挖掘深約15cm的植溝

30cm

③放入種薯之後覆蓋土壤，土的厚度為種薯高度的1～2倍，然後壓緊壓實

同一塊地前一次如果是種蔥，將種薯放在種過蔥的地方，效果會更好。

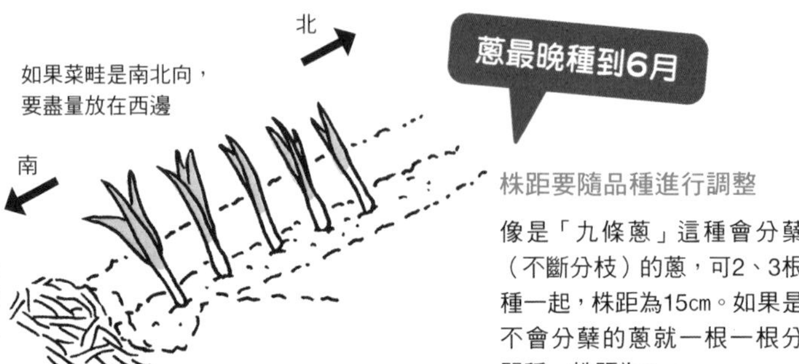

挖一個深約20cm的植溝，或是挖出馬鈴薯之後立刻種蔥。

株距要隨品種進行調整

像是「九條蔥」這種會分櫱（不斷分枝）的蔥，可2、3根種一起，株距為15cm。如果是不會分櫱的蔥就一根一根分開種，株距為5cm。

---

2 照顧

馬鈴薯開花之前要培土，開花之後要用草覆蓋。

蔥要持續培土，並在9月移植到他處進行輪作。

如果氣溫超過28℃，
馬鈴薯的塊莖就會停止生長，
因此要用草覆蓋，
以防止地溫上升。

不需摘芽，
任其生長即可

花開之後要用草覆蓋

花開之後，土裡的種薯就會開始長大。這個時候要好好用草覆蓋，除了可防止地溫上升，還能一邊保濕，一邊防止下雨時泥水飛濺。

開花之前要培土2～3次

發芽之後，每2～3週要培土一次。在氣溫升高之前不需用草覆蓋，也不需追肥。

3 採收

馬鈴薯露出地面的部分只要有一半枯萎，就能開始採收。蔥如果長粗，就可以隨時收成。

蔥要在9月移植到他處進行輪作

3～6月栽種的蔥要慢慢進行培土，並割下周圍的草覆蓋在上面。9月挖起植株，移植到其他地方進行輪作。

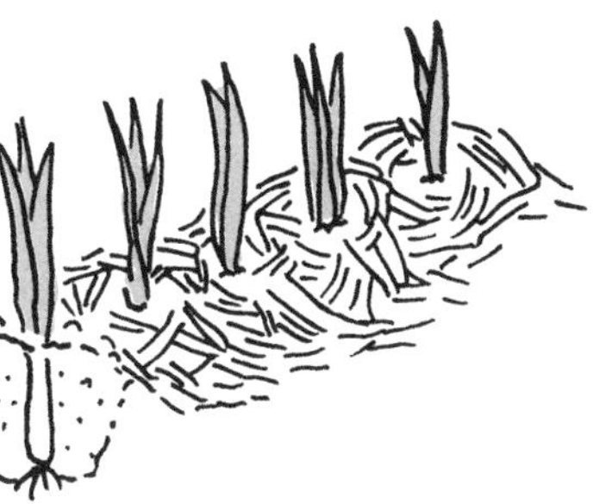

蔥的採收

從長粗的蔥開始採收。冬天的蔥格外香甜，可口美味。在隔年3～4月馬鈴薯定植之前要全部採收，移植到上一輪種植馬鈴薯的地方。

馬鈴薯的採收

露出地面的部分超過一半枯萎時，就可以挖出馬鈴薯。若要長期保存，就等到地面的植株整個枯萎再挖掘。

與蔥的根部共生的菌會分泌抗生物質，可以防止連作障礙。

蔥和馬鈴薯都是需要進行培土的蔬菜夥伴！

幫蔥進行培土的時候，幸好有發現沒有挖到的馬鈴薯。

里芋、薑

交替輪作會長得更好

兩者都原產於熱帶地區，喜歡潮濕，不耐乾燥。交替輪作會生長得更好。隔年只要位置對調，定植栽種，就算是同一塊菜畦照樣可以連作。地方品種眾多，建議選擇適合自家菜圃的種類種植。

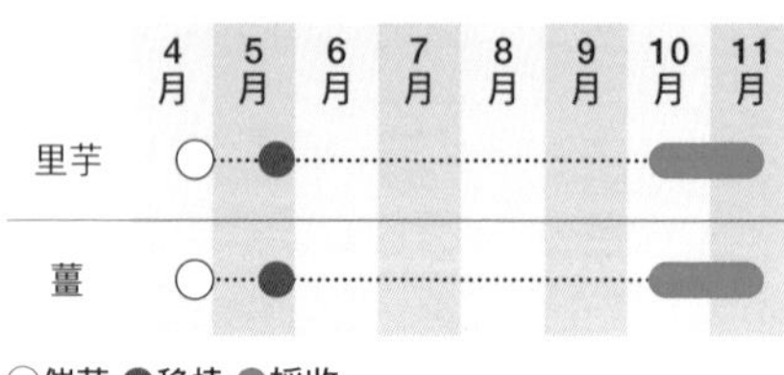

○催芽 ●移植 ●採收
※以日本關東以南的中間地為例

發芽適溫
18～20℃
生長適溫
25～30℃

里芋
（天南星科）
原產地●熱帶亞洲（印度、東南亞，以及中國南部）

薑
（薑科）
原產地●熱帶亞洲

1 移植

移植之前先催芽，這樣初期才會長得好。只要植株健壯，產量就會增加。

催芽至少要一個月

取得種薯之後，在等待天氣變暖的這段期間往往會因為乾燥而損傷，所以移植之前要先催芽。此時要把花盆放在溫度超過15℃的地方，表面若是變乾就澆水，並持續管理至少一個月。

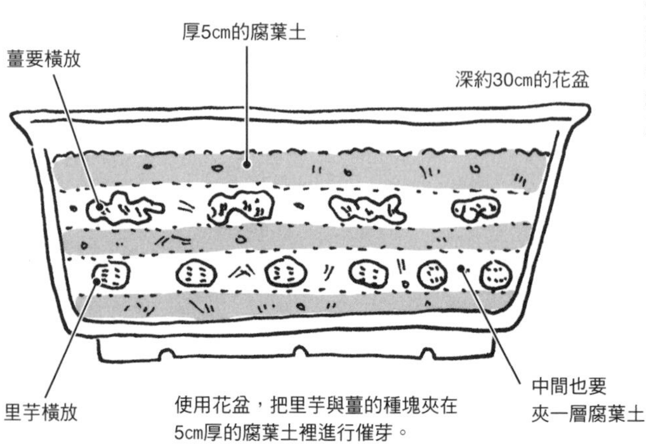

使用花盆，把里芋與薑的種塊夾在5cm厚的腐葉土裡進行催芽。

挑選不同的品種

種薑

有大型的「多福」，中型的「三州薑」、「黃薑」，以及小型的「金時薑」。

里芋的種芋

除了「石川早生」、「土垂」，還有「赤芽大吉」、「八頭」等其他品種。

放入植穴的腐葉土可以使用催芽時花盆裡所用的腐葉土。

菜圃的準備工作

選擇一個可以照到陽光的地方，稍微有些陰影也沒關係。另外，薑喜歡潮濕，所以種在田地旁稍微潮濕的地方也無妨。

種薑的種植方式

芽朝上，埋入深15cm的地方種植。每一個植穴可以放1個薑芽與2個種薑，以便發出3株薑苗。

種薑的處理方式

只要過一個月，芽就會長出來。用手把種薑剝成小塊，每塊要有1～3個芽。盡量不要傷到芽。

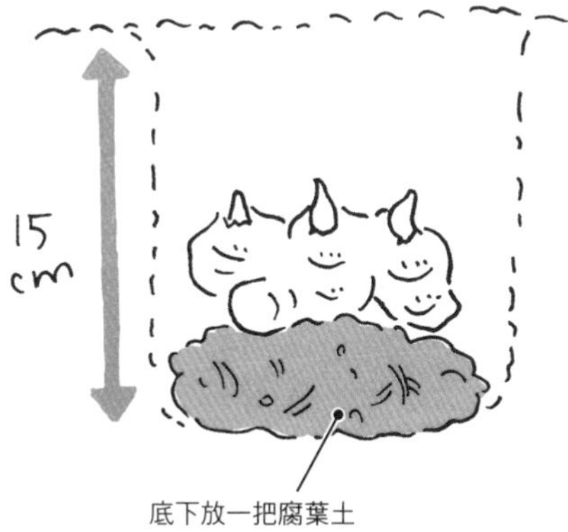

底下放一把腐葉土

薑的根沾到腐葉土的話不需清除，直接下種即可。

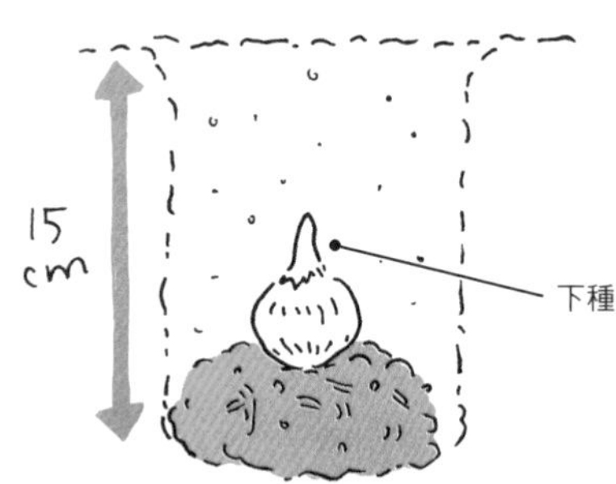

底下放一把腐葉土

里芋的種植方式

在每一個深15㎝的植穴種一個種芋，芽朝上。種的時候盡量不要傷到芽。

交替排放定植

里芋與薑交替排放定植，可讓兩者生長得更好。

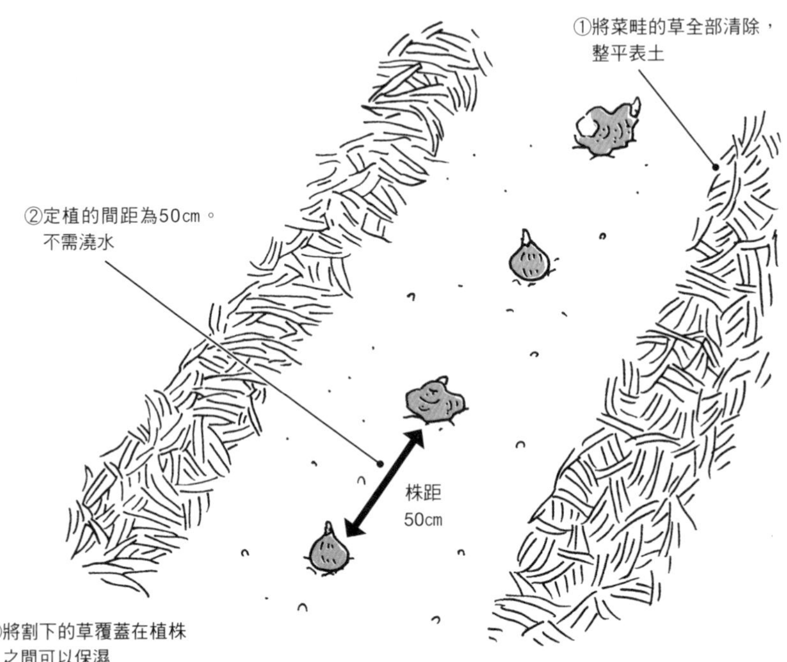

③將割下的草覆蓋在植株之間可以保濕

里芋碩大的葉片只要伸展開來，就能遮蔽夏日的烈陽，讓薑茁壯成長。而薑的獨特香氣和殺菌作用，也能讓里芋不受病蟲害侵襲。

2 照顧

薑的生長速度雖然慢，但基本的照顧方式一樣，需要進行培土，也要用草覆蓋。

長出本葉後要進行培土

定植之後經過2～4週，只要本葉開始生長並擴展開來，就代表植株已經生根，此時要對根部培土掩埋。2～3週後，再次進行培土。

不下雨就要灌溉

由於快要進入梅雨季，不需要太擔心。但如果不下雨，每隔2週就要挑一天，從上方為植株灌溉大量的酒醋液。

用草覆蓋及追肥

每次培土之後就要用草覆蓋，讓植株根部好好保濕。追肥要撒施1～2次。

---

3 採收

兩者均原產於熱帶地區，一旦遇霜，露出地面的部分就會枯萎，因此要視情況挖掘。

在霜降前採收

一旦遇霜，葉子就會枯萎。不僅如此，若是氣溫過低，里芋與薑也會受損，要多加留意。

採收時的薑

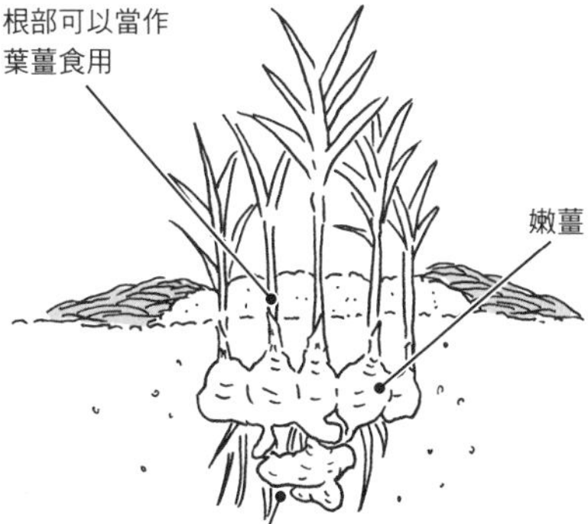

根部可以當作葉薑食用

嫩薑

種薑通常會殘留在底下。可以當作老薑食用

採收時的里芋

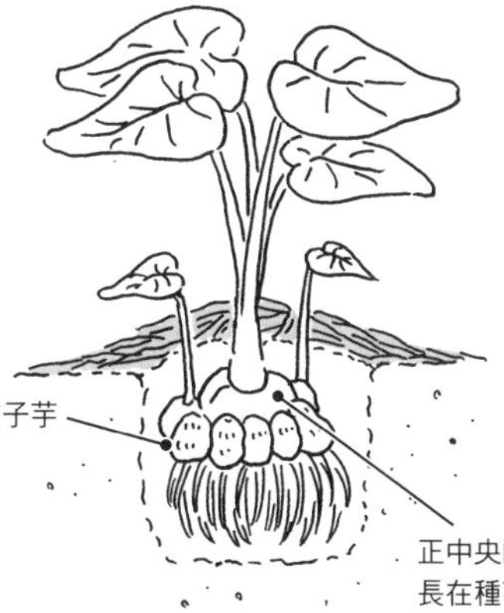

母芋周圍有子芋與孫芋

正中央的大里芋是長在種芋上方的母芋

滋味比較辛辣，磨泥之後可以當作佐料使用喔！

原來種薑可以變成老薑呀！

甘藷

香甜美味的甘藷大豐收

「紅春香」、「絹蜜」等蜜薯類深受喜愛。即使在容易乾燥的貧瘠土地也能成長，屬於抗旱作物。只要扦插繁殖就能穩固生根。到採收之前幾乎不需要花太多心思照顧，但是不要忘記催熟。

3月	4月	5月	6月	7月	8月	9月	10月	11月
		移植	移植	·····	·····	採收	採收	

●移植 ●採收
※以日本關東以南的中間地為例

發芽適溫
25～30℃
生長適溫
20～30℃

旋花科
原產地●中美洲
共生植物●毛豆、芝麻、秋葵、蠶豆、花生等

1 移植

偏好排水良好的田地，但缺點是扦插不易生根，容易枯萎。因此扦插繁殖要確實。

菜圃的準備工作

選擇一個日照充足、排水良好的地方。最好是土壤貧瘠的菜圃，太肥沃會讓藤蔓過度生長，搶走營養。

取得藷苗之後立刻扦插

市售的莖葉大約5根

把上半部剪掉的寶特瓶

倒入高度5～6cm的蛭石

劃條5cm左右的刀痕排水用

將莖葉的切口插入蛭石中，並給予充足的水，擺放在陽光下。

10～14天內，只要蛭石變乾就澆水，幫助甘藷生根。

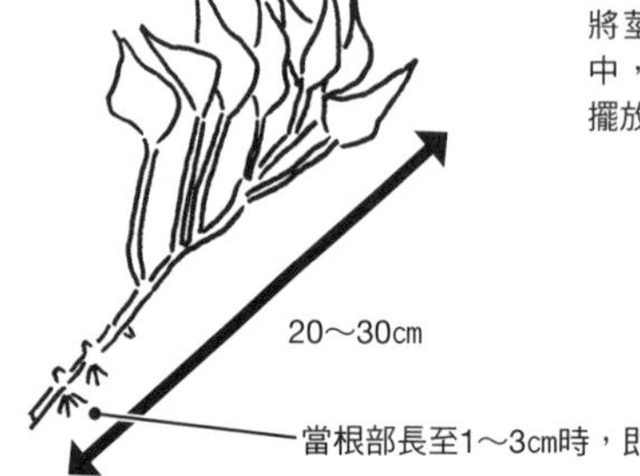

以45度的斜角種植

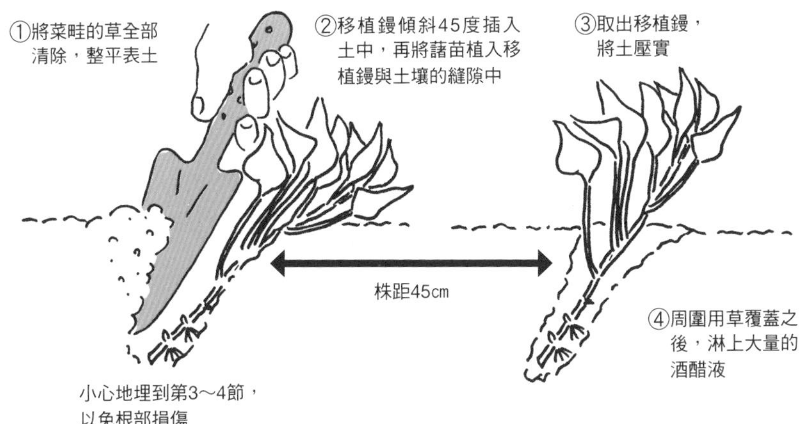

2 照顧

藤蔓長出來之後要偶爾翻藤。不需追肥。只有在極度乾燥的時候才需要灌溉。

灌溉要用酒醋液

如果超過2週沒有下雨，就要在傍晚時分從植株上方灌溉大量的酒醋液。

藤蔓變長就要「翻藤」

甘藷的藤蔓會向外蔓延生長，覆蓋整片菜畦。只要變長，就要偶爾翻藤。

要將藤蔓拉到另一邊。只是把葉子翻過來的話，隔天照樣會回到原位

中途長出來的根不要讓它著地扎根

同時用草覆蓋

移動藤蔓時，將長出來的草割下來覆蓋在上面。

如果不翻藤，根系就會從葉片的根部延伸，進而扎根，這樣植株根部的甘藷就無法長大。

3 採收

試挖甘藷，大小差不多即可採收。甘藷種太大的話纖維會變硬，反而有損風味。

藤蔓先割斷，這樣比較好採收。從切口流出的樹液若是沾到衣服會很難清洗，要注意。

試挖看看吧

各品種的收成時間不同，一般定植之後，大約110～130天即可採收。試挖時，只要甘藷長到和市售的一樣大，就可全部採收。

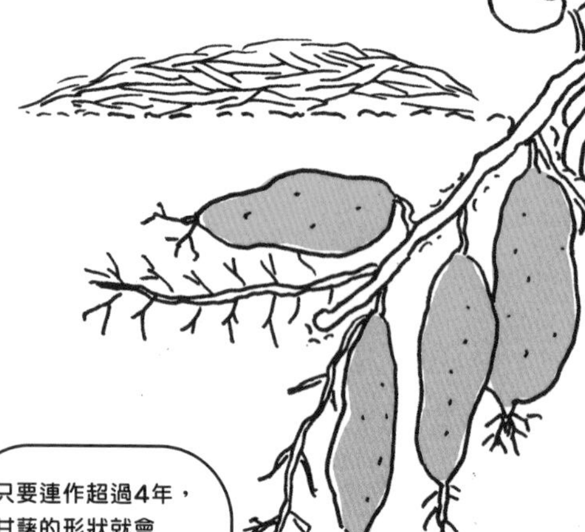

用手小心挖掘，這樣比較不容易傷到甘藷表面，就算長期保存也不會腐壞。

只要連作超過4年，甘藷的形狀就會越來越漂亮，也會越來越可口。

我竟然不知道甘藷的莖幹也可以吃！

不可以馬上吃！要進行催熟

甘藷收成之後要先保存、進行催熟，這樣味道才會更甜。採收之後一一用報紙包起來，放入紙箱並置於溫暖的室內保存至少一個月。另外，採收完之後，藤蔓到葉片根部這一段，也就是葉柄部分還可以拿來炒菜喔。

天然菜園Q&A 實踐篇

Q 播種、移植之後為什麼不需要澆水？

A 草就算沒有澆水，也能夠自行發芽，伸出強壯的根來尋求水源。不澆水的原因，就是要讓蔬菜的根部更加茁壯。

播種之後只要覆蓋土壤，壓緊壓實，就算不澆水也能透過毛細現象讓水分集中在種子周圍。

移植幼苗的時候也是一樣。如果定植後澆水，根部就會因為安心而不生長。移植時要記住一個重點，那就是先讓植株吸飽水分。只要3天不澆水，根系就會深入土裡尋找水源，如此一來植株就會長得更好。蔬菜可是會為了生存而努力的。

Q 用草覆蓋後撒上的「追肥」，種類與分量要如何區分使用？

A 基本上，「追肥」是撒施以等量的米糠和油渣調配而成的混合物。如果沒有的話，也可以澆淋洗米水。如果想要在原本不是菜園的庭院開闢一塊天然菜園的話，最好用有機發酵肥料（參照P.52）來施肥。如果是生長期的前半段，用草覆蓋之後再撒施一把追肥在上面就可以了。

但要注意的是，追肥撒施過多的話，菜葉的顏色會變得太濃，而且還會很容易出現蚜蟲之類的害蟲。另外在生長期的前半段，如果葉片顏色太淡，生長情況不佳的話，就每隔7～10天少量追肥，直到葉片變成嫩綠色，這才是正確的方法。

Q 有辦法進行無肥料栽培嗎？不使用動物性堆肥也沒問題嗎？

A 無肥料栽培和自家採種（參照P.28）是一起進行的。天然菜園只要長年持續下去，並不間斷地進行自家採種，蔬菜自然就會越長越好，在這種情況之下，當然可以進行無肥料栽培。

若是成熟堆肥，不管動物性或植物性都OK。植物性堆肥要先準備腐葉土20ℓ、碳化稻殼2ℓ、米糠和油渣的混合物4.5ℓ（約20%），充分混合後埋入土中。平均氣溫超過15℃的天氣只要持續一個月，植物性的成熟堆肥便大功告成。在做圓形高畦或打壟作畦時，就可撒施在裡面。

我想挖——！
好啊！不知道甘藷長好了沒……
緊張緊張
哇—
竟然長了這麼多!!太棒了!!
哇~這個地瓜的形狀還真有趣。
如何？已經慢慢習慣了嗎？
茄子長得還可以，小黃瓜也將近尾聲了。
失敗的地方仍然不少~
但是，我親身嘗試過後才終於知道，原來種菜這麼令人開心。
竹內老師也經常這麼說呀。不管是人還是土壤，只要慢慢成長，蔬菜也會自然而然跟著茁壯。
總之暗號就是「不要著急，樂在其中」，是吧？
沒錯，就是這樣沒錯！
哈哈！

聽說郁夫最近也開始在種盆栽了嗎？
沒有啦，哈哈～～～
沒想到每天都可以吃到安心又新鮮的蔬菜，這樣的生活竟然這麼幸福！
嗯嗯!!
那接下來要種什麼蔬菜好呢？
好～
但是，最好還是不要太過貪心喔！

結語

讓我們打造一個天然菜園吧！

這本書是天然菜園推出之後的第10本著作，同時也是第一本漫畫形式的種菜入門書。

立志追求自然農法，並開始在市民農園開闢家庭菜園已經是27年前的事了。當時的我對種菜一無所知。現在到我的天然菜園學校上課的學生，大多也都是第一次嘗試家庭菜園。而我就是一邊回想過去的自己以及現在學生的模樣，一邊把天然菜園的精髓整理成一本書。

第1章告訴大家在無農藥、無化學肥料的條件之下，可以讓蔬菜自然成長的天然菜園是什麼樣的環境（菜圃）。第2章除了解說最基本的工具，還為大家介紹了如何利用食用醋等身邊的食品資材，加強微生物和蚯蚓等土壤生物的力量。第3章我們談到了蔬菜容易生長的溫度、季節和種植地的氣候等等，並搭配插圖，分成3個步驟來解說各種蔬菜的種植方法。

大家讀過後，只要掌握栽種的基本原則與想要種植的蔬菜流程，就可以和漫畫中的人物一樣開始種菜了。就像學騎腳踏車一樣，先跳上車騎看看再說吧。不要著急，放鬆心情，好好享受種菜的樂趣吧。如果失敗了，那就翻開這本書，看過之後再試一次。如果想要知道更多，市面上還有許多詳細解說天然菜園的書。如果想學得更多，也可以選擇去天然菜園學校的現場上課或報名網路課程。

對於蔬菜及種菜的人來說，「天然菜園」是讓蔬菜自然成長的家庭菜園和自給菜園的簡稱。只要掌握基本原則，就可以根據當地風土打造一個適合自己的天然菜園。

只要天然菜園增加，地球就會更加綠意盎然，如此一來與生物共存的休憩之地（綠洲）就會因應而生。但願這片天然菜園可以讓人了解到種菜的樂趣、吃菜的幸福，並且體會豐收的快樂。

2023年　於信州　竹內孝功

竹內孝功

1977年出生於日本長野縣長野市。畢業於中央大學經濟學部。天然菜園顧問。（同）天然菜園學校及自給自足Life代表。19歲看了福岡正信所寫的《一根稻草的革命》之後，便開始在東京都日野市的市民農園嘗試天然菜園。曾任天然食品店店長，之後開始正式學習自然農業和自然農法。在（公財）自然農法國際研究開發中心研習之後，於長野縣安曇野市開設無農藥菜園教室。相關著作書籍豐富，中文譯作則有《不施肥，不打藥！蔬果照樣大豐收！：用自然農法，打造與雜草、微生物共存的超強菜園！》（瑞昇）。

HP：自給自足Life
https://39zzlife.jimdofree.com/

天然菜園學校
http://www.shizensaien.net/

YouTube：「自然菜園LifeStyle」

日文版工作人員

漫畫・插圖	WOODY
書籍設計	山内なつ子(しろいろ)
編輯	三好正人 小山内直子 (山と溪谷社)
校對	佐藤博子

國家圖書館出版品預行編目資料

超圖解天然菜園入門：零農藥、好種植、小空間也OK的居家簡易種菜提案／竹內孝功著；何姵儀譯. -- 初版. -- 臺北市：臺灣東販股份有限公司, 2024. 02
144面；14.8×21公分
ISBN 978-626-379-233-3（平裝）

1.CST：蔬菜 2.CST：栽培 3.CST：有機農業

435.2 112022296

MANGADE WAKARU HAJIMETENO SHIZENSAIEN

超圖解天然菜園入門
零農藥、好種植、小空間也OK的居家簡易種菜提案

2024年2月1日初版第一刷發行

作　　者	竹內孝功
譯　　者	何姵儀
主　　編	陳正芳
封面設計	水青子
發 行 人	若森稔雄
發 行 所	台灣東販股份有限公司 ＜地址＞台北市南京東路4段130號2F-1 ＜電話＞(02)2577-8878 ＜傳真＞(02)2577-8896 ＜網址＞http://www.tohan.com.tw
郵撥帳號	1405049-4
法律顧問	蕭雄淋律師
總 經 銷	聯合發行股份有限公司 ＜電話＞(02)2917-8022

各種蔬菜的種植方法。

大家讀過後，只要掌握栽種的基本原則與想要種植的蔬菜流程，就可以和漫畫中的人物一樣開始種菜了。就像學騎腳踏車一樣，先跳上車騎看看再說吧。不要著急，放鬆心情，好好享受種菜的樂趣吧。如果失敗了，那就翻開這本書，看過之後再試一次。如果想要知道更多，市面上還有許多詳細解說天然菜園的書。如果想學得更多，也可以選擇去天然菜園學校的現場上課或報名網路課程。

對於蔬菜及種菜的人來說，「天然菜園」是讓蔬菜自然成長的家庭菜園和自給菜園的簡稱。只要掌握基本原則，就可以根據當地風土打造一個適合自己的天然菜園。

只要天然菜園增加，地球就會更加綠意盎然，如此一來與生物共存的休憩之地（綠洲）就會因應而生。但願這片天然菜園可以讓人了解到種菜的樂趣、吃菜的幸福，並且體會豐收的快樂。

2023年　於信州　竹內孝功

竹內孝功

1977年出生於日本長野縣長野市。畢業於中央大學經濟學部。天然菜園顧問。（同）天然菜園學校及自給自足Life代表。19歲看了福岡正信所寫的《一根稻草的革命》之後，便開始在東京都日野市的市民農園嘗試天然菜園。曾任天然食品店店長，之後開始正式學習自然農業和自然農法。在（公財）自然農法國際研究開發中心研習之後，於長野縣安曇野市開設無農藥菜園教室。相關著作書籍豐富，中文譯作則有《不施肥，不打藥！蔬果照樣大豐收！：用自然農法，打造與雜草、微生物共存的超強菜園！》（瑞昇）。

HP：自給自足Life
https://39zzlife.jimdofree.com/

天然菜園學校
http://www.shizensaien.net/

YouTube：「自然菜園LifeStyle」

日文版工作人員

漫畫・插圖　WOODY
書籍設計　山内なつ子（しろいろ）
編輯　三好正人
小山内直子
（山と溪谷社）
校對　佐藤博子

國家圖書館出版品預行編目資料

超圖解天然菜園入門：零農藥、好種植、小空間也OK的居家簡易種菜提案／竹內孝功著；何姵儀譯. -- 初版. -- 臺北市：臺灣東販股份有限公司, 2024. 02
144面；14.8×21公分
ISBN 978-626-379-233-3（平裝）

1.CST：蔬菜　2.CST：栽培　3.CST：有機農業

435.2　　112022296

超圖解天然菜園入門

零農藥、好種植、小空間也OK的居家簡易種菜提案

2024年2月1日初版第一刷發行

作　　者　竹內孝功
譯　　者　何姵儀
主　　編　陳正芳
封面設計　水青子
發 行 人　若森稔雄
發 行 所　台灣東販股份有限公司
<地址>台北市南京東路4段130號2F-1
<電話>(02)2577-8878
<傳真>(02)2577-8896
<網址>http://www.tohan.com.tw
郵撥帳號　1405049-4
法律顧問　蕭雄淋律師
總 經 銷　聯合發行股份有限公司
<電話>(02)2917-8022

Printed in Taiwan